形其如名

地名與地形的對話

沈淑敏、李聿修、陳銘鴻、羅章秀　著

臺灣師大出版社

前　言

　　本書編寫的主要目的是希望透過更系統性、更具象化的方式，展現聚落地名中隱含的地形、地景、自然災害與環境變遷，提供另一種認識地方並了解環境的取徑。本書也提出一套可善用政府公開資料的操作流程，若結合田野實察，遵循「聽音辨字」、「名從主人」的地名調查要義，每個人都可以發掘更多在地的地名故事。

　　地名（place name, toponym）是人們對於一個地方的稱呼，也是一地人群指認空間的符號，可以分為行政區名（如：臺北市）、地標地名（如：七星山）與聚落地名（如：古亭村）三大類。過去聚集而居的人群常以附近的環境特徵為聚落命名，故聚落地名可作為了解早期居民如何看待當地自然環境與人文景觀的一種途徑。

　　例如，新竹縣峨眉鄉富興村在峨眉溪北側的河岸階地上有「左腳坪」與「右腳坪」兩個聚落，其命名緣由是該處階地被小溪谷分割為兩塊，形似人的雙腳（參見本書第三章），這是先民以人體特徵比擬地形與聚落相對位置的案例。又如，花蓮縣玉里鎮大禹里的「大禹」聚落，地名曾歷經阿美族語、日語和中文的轉變，由於該聚落位於秀姑巒溪與豐坪溪匯流處的氾濫平原上，農田常因洪水而受災，因此於臺灣光復初期時改以治水先賢「大禹」為名，以祈求庇祐免於災害（參見本書第九章）。

　　臺灣地名調查與地名學研究的成果可謂豐碩，坊間地名科普書籍的出版也所在多有。惟過去對於地名命名的典故，多採用文字或搭配少數古地圖個別敘述，對一般讀者而言，若有更多元的圖示、照片輔助文字說明，相信更有助於體會先民看待環境的方式。因此，本書特別著重幾個要點：

1. 透過豐富的圖示、照片搭配，將地名中隱含的地形、地景、自然災害與環境變遷視覺化，以利讀者連結地名與環境的關係。

2. 針對特定的聚落地名示例，說明地形、地景與自然災害的成因或環境變遷的歷程，展現地名作為認識地方、了解環境的方式。

3. 提供政府公開資料加值應用的模式，並詳細說明製作地形立體圖與運用《臺灣地
   區地名資料》的方法。

4. 建置各地形主題的全臺相關地名分布圖與列表，便於讀者進一步探索。

　　本書共分爲十三章：第一章至第十章介紹與地形、地景或自然災害相關的聚落地名，主題包含沙丘、沙洲、河階與台地、曲流、河川匯流、濕地、湧泉、崩塌、洪患與其他（岬灣、分水嶺、山間溪谷、窪地、瀑布、泥火山），第十一章再以新社、草屯河階群爲例，介紹多階層河階出現的相關地名；第十二章、第十三章則分享本書地名資料篩選的流程與運用 QGIS 繪製地形立體圖的方法。本書不僅是一本可供地方深度之旅的參考讀物，也可輕易地轉換爲一套動手實作的教學指引，讀者可參考第十二章與第十三章的說明，以及各個主題的示範，書寫本身感興趣的主題。

　　地名是生活的產物，本書編寫的主要目的是展現地名隱含的環境故事，各章以經典聚落地名爲示例，無意求全。本書主要以《臺灣地區地名資料》截至 2018 年 12 月所收錄的地名條目爲參考資料，雖然未能逐一確認該份資料中地名解釋的正確性，不過凡是本書選爲示例者，均已詳查各類圖資，確認其位置與周邊環境的關係，或補充更新資料。筆者群也發現，該資料中關於原住民族的地名資訊所載仍較少，有待更多愛好鄉土的人士加入保存無形文化資產的行列。關於本書閱讀時的注意事項，請見「如何使用本書」的說明。

　　透過「地名」的途徑，可以幫助人們認識自己的鄉土，了解環境特色或歷史發展，進而產生地方認同。期待對地名與環境變遷有熱忱的同好們，善用政府公開資料，自行田野實察，發掘並分享更多地名的故事。認識一個地方，不妨就從地名開始吧！

謝　誌

　　筆者群是國立臺灣師範大學地理學系的師生，並非地名學專業研究者，只是對地名與地形、地景、環境感興趣的地理人，受惠於母系地名學與地形學之研究與教學傳統的薰陶，而有此發想。系上師長們孜孜不倦的研究精神是後輩的最佳楷模，陳國章榮譽教授已高齡九十多歲，還常看到他至研究室從事地名研究；過往石再添榮譽教授對於地形研究的全力投入，系友們也傳頌至今；開創地理教育與臺灣歷史地理研究新視角的施添福教授，更是《臺灣地名辭書》的總編纂。本書的編寫奠基於前人研究成果與政府公開資料，筆者群僅以目前有限的地名認識，結合地形學解釋與具象圖示展現，將本書分享予讀者，並向師長致敬。

　　內政部《臺灣地區地名資料》是本書進行地名解釋與地名統計最重要的參考資料；圖資製作主要使用中央研究院人社中心地理資訊科學研究專題中心建置的臺灣百年歷史地圖和衛星影像、內政部國土測繪中心建置的正射影像、內政部公告的二十公尺網格數值地形模型（DTM）以及各式 GIS 圖層。並承蒙農業委員會水土保持局於 2018 年支持「融入地方知識的自然災害風險溝通──以臺灣地名為例」專案計畫，而得以讓此構想試行。撰稿期間，楊貴三教授、林聖欽教授、韋煙灶教授、陳美鈴教授、蔡淑麗老師、林昀先生細心審查並提出寶貴修改意見，不但為內容把關，也大幅提高本書的易讀性。又承蒙國立臺灣師範大學地理學系臺灣地形研究室提供地形變遷資料庫圖層；游牧笛先生、林文毓小姐、蔡承樺先生、張嘉瑜小姐提供地景照片。此外，國立臺灣師範大學出版中心居中協調，提供建設性意見，並協助出版印行。本書雖經多位專家審查，惟文責仍由筆者群承擔（書中若有引用或解讀不當之處，還請各界不吝指正，敬請賜知 smshen@ntnu.edu.tw）。最後，感謝財團法人應雲崗先生紀念基金會長期支持辦理高中地理奧林匹亞和國家地理知識大競賽，並贊助本書印行。以上一併申謝。

沈淑敏、李孟修、陳銘鴻、羅章秀　謹致

如何使用本書

　　本書嘗試結合聚落地名典故、地形知識與地圖呈現，展現先民對環境的覺察，同時也分享如何善用政府公開資訊與圖資平臺，提供同好書寫本身有興趣主題的參考。建議讀者先閱讀「前言」與「如何使用本書」，了解本書要旨、資料來源、圖示說明與使用限制，以及推薦進階閱讀的專書和本書附錄。

章節安排

　　本書在書寫架構上分爲兩大部分，第一章至第十一章以臺灣常見的地形、地景或自然災害爲主題，介紹與其相關的聚落地名，第十二章與第十三章則介紹地名資料篩選、地名分布圖繪製及地形立體圖的製作方法。其中第一章到第九章的內容包含：簡介主題及與其直接相關的地名用字[1]，其次介紹聚落地名命名與環境意涵的案例，和其衍生的地名故事，最後總結相關地名的統計與分布；第十章介紹其他 6 種地形與相關地名；第十一章爲第三章「河階、台地及相關地名」的延伸，進一步介紹河階與地名；第十二章詳細說明了本書篩選地名資料的作業流程；第十三章則介紹運用 QGIS 製作地形立體圖的方法。本書除第三章和第十一章外，其他各章無閱讀上的順序性，讀者可以自由選擇有興趣的章節閱讀。

　　在各章中爲方便閱讀，依據地名用字和地形主題的相關程度，分爲「直接指稱」、「間接指稱」與「附屬地名」等小節。以沙丘地形爲例，在地名中「沙崙」專指沙丘，「崙」泛指一般山丘，「湖」則有用於指稱沙丘間的窪地，三個地名用字與沙丘關係由強而弱，所以依序編排在不同的小節。各章末的統計表則列出以各個地名用字搜尋到的聚落數量，不過這些數字僅提供讀者建立對各地名用字使用頻率的相對感受，不宜過度解讀。

資料取材

　　資料取材方面，本書地名條目與解釋主要參考內政部線上公告的《臺灣地區地名資

料》。此份表單資料至 2018 年 12 月止共彙集了 157,537 筆地名條目，包含本書查詢的聚落地名條目 43,954 條。書中各章的地名示例多取材於此，地名統計表、地名分布圖和地名列表的原始資料也以該份資料為準。

本書各章以地形、地景或自然災害的相關名詞（如沙丘、湧泉、崩塌等），檢索《臺灣地區地名資料》中聚落地名條目的地名解釋欄位。尤其原住民族的中文地名多為音譯，須透過地名解釋欄位才能搜尋到相關的部落或聚落地名。若有興趣了解本書篩選與統計該份資料地名的方法，可參閱第十二章。此外，內政部另建置「地名資訊服務網」，以科普推廣為主，便於線上檢索地名資料，值得讀者瀏覽。

案例選用

本書各章中的聚落地名示例，大多為《臺灣地區地名資料》的「聚落」類地名，部分示例是筆者群另外增列。由於《臺灣地區地名資料》中記載為聚落者，約四分之三並未標示確切位置，地圖或影像上也找不到聚落標示，本書各章中絕大多數的聚落示例，均經逐一確認其在古今地圖上的位置，而且周邊環境符合其「地名解釋」者。少數示例之地名解釋經比對後，認為有疑慮或不完善者，便參考相關文獻提出新的看法，而將《臺灣地區地名資料》所載之原文摘錄在註釋中。本書中仍收錄幾則查無聚落位置的案例，行文中便不以「聚落」稱之[2]。此外，關於原住民族的地名，若僅為傳統領域內的地名，而非原住民族委員會核定公告的部落，則不以「部落」稱呼。

圖示呈現

本書為了幫助讀者掌握地名與地形、地景和災害的關聯性，特別著重具象呈現聚落地名的環境意涵。為解決在地面上不易綜覽地景全貌的限制，特別製作與採用大量的地圖、地形立體圖、歷史地圖、航空照片、衛星影像、正射影像與地形剖面圖等，並在各類地圖與照片上標示文字或圖徵。書中除了一般的地面照片，特別搭配空拍照片，提供讀者從空中俯視地表紋理的角度，以增強對實地景觀的深刻感受。各類圖資的特色與閱讀方式請參見後文。

圖例

　　本書各類地圖的圖例如下所示，若有特別加註的符號，則另將圖例列於本文中的地圖上。

地形立體圖

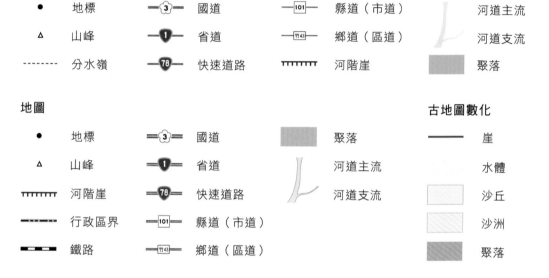

● 地標	—③— 國道	—⑩⑪— 縣道（市道）	河道主流
△ 山峰	—①— 省道	—⑪⑬— 鄉道（區道）	河道支流
------- 分水嶺	—⑱— 快速道路	┬┬┬┬┬ 河階崖	▮ 聚落

地圖

			古地圖數化
● 地標	—③— 國道	▮ 聚落	—— 崖
△ 山峰	—①— 省道	河道主流	水體
┬┬┬┬┬ 河階崖	—⑱— 快速道路	河道支流	▫ 沙丘
---- 行政區界	—⑩⑪— 縣道（市道）		▨ 沙洲
▰▰▰ 鐵路	—⑪⑬— 鄉道（區道）		▮ 聚落

歷史地圖與航照

　　臺灣各地聚落的地名多於聚落興起之初所命名，惟因整體社會快速變遷，有些聚落的周邊環境可能已經大幅改變，不論前往現場勘查或閱讀現代地圖，都難以體會最初命名時的環境特徵，更何況還有一些地名早已隨著歷史演進消失。因此，本書大量引用歷史圖資，以幫助讀者了解聚落命名之初的時空脈絡，如日治時期〈臺

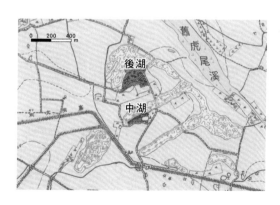

灣堡圖〉、〈臺灣地形圖〉以及美軍拍攝的歷史航照（也有美軍老航照之俗稱）等。各套歷史地圖的繪製常歷經多年，本書所標示的年代爲其代表年，未必是確切印行年代。

　　本書爲幫助讀者體會歷史地圖上展現的環境特徵與地名的關聯，特別在地圖上描繪地形與聚落，清楚標示地名，並加上比例尺。如前頁圖爲雲林縣元長鄉後湖與中湖聚落（第一章圖1-4），因周圍沙丘環繞，中間地形相對凹下，而以「湖」字命名。本書也採用系列地圖與影像，以呈現一地環境的劇烈變化，例如，房舍林立的都市中，出現「新塭」（新北市五股區）與「舊塭」（新北市新莊區）兩個地名，提供了該地環境曾經歷顯著改變的線索（第六章圖6-7至圖6-9）。

地形立體圖

　　地形立體圖爲本書的主要特色之一，圖中標示地名、方向標、主要道路、聚落範圍、河道、重要地標等資訊（如右圖，第三章圖3-12）。書中直接介紹的聚落地名案例（如：角板），在圖上以紅色標示，其餘地名則以黑色標示（如：水源地）。

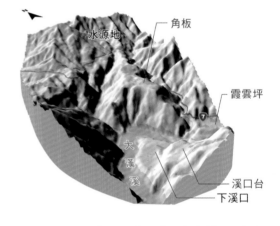

　　製作地形立體圖時則選擇最適合呈現地形特徵的角度，故圖的正上方未必指向北方。閱讀立體圖時，應先確認其方向標，再參考明顯地形、地物的相對位置，建立與平面地圖或現場實景的空間關係。本書第十三章也介紹了運用QGIS製作地形立體圖的流程，提供讀者參考。

地名列表

　　筆者群檢索《臺灣地區地名資料》檔案後，篩選並分類出許多與各地形、地景、災害相關的聚落地名案例，然而囿於版面限制，無法羅列於書中，若讀者有意進一步探索，可掃描本篇末的QR code查看與各章主題相關之聚落地名列表。除了各章中提及的地名案例之外，地名列表中的聚落，乃經筆者群逐一檢核地名條目的說明，確實與該章主題

直接或間接相關時，才保留於表中。其中有些地名乍看之下與主題無關，但實則有關，若讀者有興趣亦可上「地名資訊服務網」查詢其地名典故。

地名分布圖

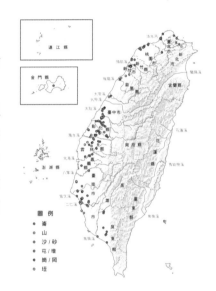

　　本書第一章至第八章末附有與該章主題相關的「聚落」類地名分布圖（如右圖，第一章圖1-13），圖中不同顏色的點符號代表不同的聚落地名用字，以提供讀者對相關地名分布的整體性了解。這些地名點位以村里為單位呈現，但若《臺灣地區地名資料》中未記載某聚落的村里資料，則不會呈現於圖中。若讀者有興趣實際手做，可參考第十二章對於本書地名資料整理與地名分布圖繪製方法的說明。

教學延伸範例

　　本書提供多種教學延伸的可能性，例如書中的地形立體圖，可用於進行地名用字（包含通名與專名）的解釋[3]，以及等高線圖的讀圖教學。以新竹縣峨眉鄉富興村的地形立體圖（如左下圖，第三章圖3-10）為例，圖中清楚呈現河階地形特徵與「左腳坪」、「右腳坪」中的「坪」及「左腳、右腳」的由來，並可搭配等高線圖（如右下圖），幫助學生理解地形陡緩與等高線密疏的關聯。右下圖為二萬五千分之一經建版地形圖，可從多個政府部門網站取得，如中央研究院人社中心地理資訊科學研究專題中心建置的「臺灣百年歷史地圖」，非常方便。

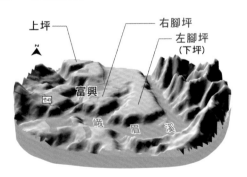

　　教師也可參考本書案例，指導學生自主學習，進行鄉土環境的探究。以「嘉義市西區新庄聚落遷移示意圖」（第九章圖 9-8）為例，圖中套疊多個時期的河道位置與聚落範圍，都可透過公開圖資自行數化。教師可以指導學生直接於公開圖臺或使用免費的地理資訊系統軟體（如：QGIS）進行數化，搭配查詢地名解釋、地方志書或相關研究，以紙本、電子地圖或互動式網路地圖（如：Story Maps）等，呈現學校附近或家鄉的河道變遷、聚落重建與地名演進的故事。

　　在探究的過程中，最好能結伴前往田野實察，建立對環境的實際感受，並遵循「聽音辨字」、「名從主人」的地名調查原則[4]，向當地居民請益，如此一來可以交互印證文獻彙整、疊圖分析、戶外調查等多種方法得到資料，提高解讀地名內容的正確性，而經歷此實作的歷程，觀察環境和論理敘事的功力也必然大增！本書第十二章與第十三章分別提供地名檢索和圖示呈現的作業模式，也可參考。

其他注意事項

　　本書的編寫有特定目的，但筆者群並非地名學專業研究者，閱讀本書時請留意下列限制：

1. 地名命名的依據很多，本書僅從地形、地景、自然災害與環境變遷的面向切入，並無求全之意。

2. 地名是生活的產物，除了指稱整個聚落的地名，聚落內外還有許多細膩的空間指稱，難以全部收錄，本書僅選用「聚落」地名為示例。此外，聚落範圍會隨著時間發展而改變，聚落名指稱的空間範圍也不易界定，有些聚落可能涵蓋多個行政村里，本書地名案例所列之村里，基本上是根據《臺灣地區地名資料》所載。

3. 地名調查工作耗時費力，本書關於聚落命名的由來，主要參考內政部《臺灣地區地名資料》的地名解釋（截至 2018 年 12 月收錄者），該份資料是彙整許多前期研究而成，包含口頭訪談結果。筆者群在挑選各章中的示例時，均逐一比對多期地圖上的聚落位置與周邊環境或參考其他文獻。至於本篇末以 QR code 連結提供之地名列表則只有檢視《臺灣地區地名資料》地名條目說明，列出與各章主題相關者。若有引用不當之處，懇請各界不吝賜知。

4. 臺灣多數的地名資料庫以中文爲主，本書所採用的《臺灣地區地名資料》中，原住民族地名條目是近幾年才慢慢增加，各章引用的示例仍屬有限。尤其原住民族的中文地名多採音譯，透過地名解釋欄位，才能獲知其命名緣由。其實各民族都有其常見的地名用字，例如：泰雅族常以 hbun（指稱兩溪匯流處）爲地名。目前原住民族委員會已經公告各縣市原住民族地區部落和地圖的圖層，期待不久的將來就可使用到方便又豐富的各族群地名檢索平臺。

進階閱讀建議

　　地名學的研究早已超越地名考證的範疇，學術期刊之文章甚多，以下就專書部分略加介紹。關於臺灣地名學（Toponymy）的專論，早在二十世紀初期即已展開，以日文書寫的伊能嘉矩《臺灣地名辭書》（1909 年）與安倍明義《臺灣地名研究》（1938 年），都已有中文譯本；中文書籍如陳正祥《臺灣地名辭典》（1960 年、1993 年二版）、臺灣省文獻會印行洪敏麟《臺灣舊地名之沿革》（1980-1984 年）、國立臺灣師範大學地理學系出版陳國章《台灣地名學文集》（1994 年）與《台灣地名辭典》合訂版（2004 年）等。國史館臺灣文獻館從 1995 年起委託國立臺灣師範大學地理學系施添福教授（總編纂）調查編纂的各縣市《臺灣地名辭書》最完整，目前僅高雄市、臺中市尚待完成[5]。臺灣文獻館（2010 年）出版的《臺灣全志：土地志》下有《地名篇》與《地形篇》，也都具有參考價值。

　　此外，本書尚有附錄〈地名列表〉，可進一步探索與各主題相關的聚落地名，以 QR code 連結雲端電子檔形式提供有興趣的讀者參閱。

◀ 附錄：地名列表
https://lihi3.cc/Bw6Yn

1 在地名的結構中，通常可拆解成「通名」與「專名」兩部分。通名一般是名詞，代表地名的共通性，常重複出現於不同地區；專名是修飾語，多半是形容詞，代表該地特有的地理、歷史、物產、動植物、方位等特徵。以本書第三章提及的「左腳坪」、「右腳坪」為例，「坪」是通名，指稱河階面的形態，而「左腳」、「右腳」是專名，形容該地河階與人體意象近似的特徵。本書為避免專有名詞干擾閱讀，行文多以「地名用字」替代「通名」或「專名」。

2 例如三獅山（第二章）、狀元地（第七章）、烈克內（第十章）、猛虎跳牆（第十一章）等四個案例，在古、今地圖上並未出現聚落標示；第七章中的 nsoana 與 cumuyana，以及第八章的 yuusku、nia yuusku、samatu等五個案例，無法於古、今地圖上確定地名所指位置，故未能判定是否有聚落分布；新北市與宜蘭縣附近的泰雅族地名「哈盆」（第五章），在現今地圖上仍可見此名，惟居民似已遷離該地而無房舍，此地名指涉的確切範圍並不明確。這些地名可能不屬於聚落地名，但因頗具參考價值，故予以保留。此外，有些聚落於古、今地圖中皆找不到《臺灣地區地名資料》中所載明之地名，或許是當地居民才知道的地方性地名，有興趣的讀者不妨親自訪查。

3 請參見註 1 的說明。

4 臺灣歷史上的政權更替頻繁、族群多元，使得地名流變相當複雜。現在以中文書寫的臺灣地名，可能來自原住民語、西班牙語、荷蘭語、日本語等的音譯，也可能出自漢人的閩南語、客家語等，方言發音的雜異性甚高。當地名中文化時，音與字可能不甚切合。因此，探討臺灣地名不宜「望文生義」，而須遵從「聽音辨字」、「名從主人」的原則，釐清地名命名族群語言的讀法，搭配歷史知識才能正確解讀。以第十一章提及的「仙塘坪」為例，若望文生義可能會認為與仙人傳說有關，但事實上「仙」是從「銹」的閩南語漳州腔發音轉變而來，透過閩南語發音才能正確解讀出，蘊含在地名中的自然環境特徵，參見第十一章。

5 國史館臺灣文獻館的地名調查工作，開始於 1959 年，而全面系統性的進行臺灣地名普查工作則始於 1993 年研訂「臺灣地名普查計畫」，首先擇定臺中市試辦，於 1996 年彙整出版《臺中市地名沿革》，並自 1994 年度起，逐年編列預算，委託國立臺灣師範大學地理學系辦理臺灣地名普查研究計畫，陸續出版各縣市之《臺灣地名辭書》（國史館臺灣文獻館，無日期），總編纂為施添福教授，編纂為林聖欽教授與陳國川教授，僅舊高雄市、舊臺中市尚待完成。

目　次

I　　前言

III　謝誌

V　　如何使用本書

　　　章節安排／資料取材／案例選用／圖示呈現／圖例／歷史地圖與航照／地形立體圖／地名列表／地名分布圖／教學延伸範例／其他注意事項／進階閱讀建議

1　　第一章　沙丘與相關地名

　　　沙丘的成因與分布／直接指稱沙丘的地名／間接指稱沙丘的地名／與沙丘相關的附屬地名／咦！這裡以前也有沙丘？／沙丘相關聚落地名的分布

11　　第二章　沙洲與相關地名

　　　沙洲的成因與分布／直接指稱沙洲的地名／與沙洲相關的附屬地名／守護海岸的大魚——鯤鯓／沙洲相關聚落地名的分布

21　　第三章　河階、台地及相關地名

　　　河階、台地的成因與分布／直接指稱河階、台地的地名／間接指稱河階、台地的地名／與河階、台地相關的附屬地名／與河階、台地相關的原住民族地名／為何崁頂、崁腳一樣高？頂上腳下的地名趣事／河階、台地相關聚落地名的分布

45 **第四章 曲流與相關地名**

曲流的成因與分布／直接指稱曲流的地名／間接指稱曲流的地名／與曲流相關的附屬地名／與曲流相關的原住民族地名／分分合合——曲流離堆丘與癒著丘／曲流相關聚落地名的分布

59 **第五章 河川匯流與相關地名**

河川匯流的成因與分布／直接指稱河川匯流的地名／與河川匯流相關的附屬地名／與河川匯流相關的原住民族地名／哈盆？下文？霞雲？都是我的「合流」——hbun！／河川匯流相關聚落地名的分布

69 **第六章 濕地與相關地名**

濕地的成因與分布／直接指稱濕地的地名／間接指稱濕地的地名／與濕地相關的附屬地名／找找看，都市中是否藏著濕地的秘密？／濕地相關聚落地名的分布

77 **第七章 湧泉與相關地名**

湧泉的成因與分布／直接指稱湧泉的地名／間接指稱湧泉的地名／與湧泉相關的附屬地名／與湧泉相關的原住民族地名／只泡不飲的泉水——溫泉地名大蒐羅！／湧泉相關聚落地名的分布

87 **第八章 崩塌與相關地名**

崩塌的成因／直接指稱崩塌的地名／與崩塌相關的附屬地名／與崩塌相關的原住民族地名／山嶺的缺口？崩塌地名與傳統風水／崩塌相關聚落地名的分布

99　**第九章　洪患與相關地名**

易發生洪患的地區／直接指稱洪患的地名／與洪患相關的附屬地名／再造新家園？洪水侵襲 vs 先民的調適能力／洪患相關聚落地名的分布

109　**第十章　其他地形與相關地名**

110　岬灣與相關地名
直接指稱岬角的地名／與岬角相關的附屬地名／直接指稱灣澳的地名／間接指稱灣澳的地名

115　分水嶺與相關地名
直接指稱分水嶺的地名

116　山間溪谷與相關地名
直接指稱河谷、溪溝的地名／與河谷、溪溝相關的附屬地名／真的「頭」、「尾」不分嗎？閩南人與客家人的環境識覺差異

121　窪地與相關地名
直接指稱窪地的地名／間接指稱窪地的地名／與窪地相關的原住民族地名

123　瀑布與相關地名
直接指稱瀑布的地名／與瀑布相關的附屬地名／與瀑布相關的原住民族地名

126　泥火山與相關地名
直接指稱泥火山的地名／間接指稱泥火山的地名

128　結語

131　第十一章 再論河階地形與地名

132　新社河階群
河階面上常見的聚落命名／與河階崖有關的聚落命名／客家族群慣用的地名用字／地名軼事——猛虎跳牆

139　草屯河階群
與多層河階面有關的聚落地名／與河階崖、斷層崖有關的聚落地名／地名趣事——牛屎崎

146　結語

149　第十二章　地名資料整理與地名分布圖繪製

167　第十三章　地形立體圖製作

183　圖照來源

195　參考文獻

第一章

沙丘與相關地名

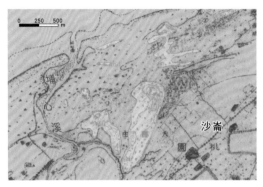

沙丘（sandune, sand dune）是指由沙粒組成的丘阜地形。在臺灣的眾多聚落中，地名命名與沙丘地形最直接相關的是「沙崙」或「砂崙」，例如，位於桃園市大園區沙崙里的「沙崙」聚落（圖1-1）。

◀ **圖 1-1 桃園市大園區沙崙聚落一帶（1921）**
1920 年代的沙崙聚落附近有數個沙丘，稱為沙崙沙丘群。

沙丘的成因與分布

沙丘主要由細沙組成，屬於風成堆積地形。強風具有侵蝕與搬運細沙、粉塵的能力，當風速突然減低或受到障礙物阻擋時，搬運能力隨即下降，沙粒就會堆積下來（石再添等人，2008）。在風力強、沙源充足又適合堆積的地方，最有利於形成沙丘[1]。可以想見，乾燥又少植被的沙漠環境是沙丘最發達之處；不過，在濕潤氣候區的海岸、河岸地帶，若有寬廣沙灘或沙洲供給穩定的沙源，再加上強風吹拂，也常可見到沙丘。

依據形成之處，臺灣的沙丘可分為海岸沙丘與河岸沙丘兩類。臺灣西部海岸幾乎都有海岸沙丘的發育，東北部的宜蘭海岸沙丘也很發達（照片1-1、照片1-2）；河岸沙丘則以濁水溪新舊流路區域最明顯。但是，許多沙丘都因為開發利用而被剷平，如今只能從地名中看到蛛絲馬跡。

▲ 照片 **1-1 宜蘭沙丘（面向西北方拍攝）**
宜蘭平原沿海大多有沙丘分布，受盛行風向偏東影響，其延長方向與海岸線平行（南北向）。沙丘像是大自然的防波堤與防風牆，許多聚落選址於沙丘背側（西側），可避免強風、海浪的侵襲。今日，這些線狀分布的聚落由台二線濱海公路串聯。

▲ 照片 **1-2** 草漯沙丘（面向東方拍攝）

桃園市觀音區草漯沙丘群的規模龐大，1950 年代時的沙丘地面積約為 3.9 平方公里，飛沙地面積約為 27 平方公里（楊貴三、葉志杰，2020）。照片中所見的沙丘為平行海岸線的活動沙丘，可見成排固沙用的竹籬笆。

直接指稱沙丘的地名

臺灣有利於沙丘形成的地方，多屬於「風頭水尾」之處，早期的生活條件相當艱困。來到海岸與河岸拓墾的先民，若要避開強風與飛沙之苦或洪水溢淹之災，可能會選擇在緊鄰沙丘背風側的略高處興建聚落。

沙丘由沙粒組成，是強風將海灘或河灘乾燥地面上的沙粒吹起，逐漸堆積而成，先民可能會依據環境多沙的特徵而將地名冠上「沙／砂」字，並結合指稱明顯凸起小山丘的「崙」（許淑娟，2010），將聚落命名為「沙崙／砂崙」，直接指稱聚落附近的沙丘，以《臺灣地區地名資料》收錄的地名為例（內政部，2018）：

- 桃園市大園區沙崙里「沙崙」聚落：因聚落西北方有數座沙丘，故得此名；今日這些沙丘多已因興建油庫而被剷平（圖 1-1、圖 1-2、圖 1-3）。

- 新北市淡水區沙崙里「沙崙」聚落：此聚落地名得名於淡水河出海口北岸一帶的海岸沙丘。

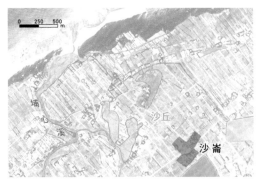

▲ 圖 1-2 桃園市大園區沙崙聚落一帶衛星影像（1969）
自 Corona 衛星影像可看出 1969 年沙崙聚落一帶的主要沙丘仍在，惟對比 1920 年代的圖資（參見圖 1-1），沙丘的面積已減少許多。

▲ 圖 1-3 桃園市大園區沙崙聚落一帶正射影像
套疊 1920 年代的地圖對比（參見圖 1-1），今日沙崙聚落一帶的沙丘多因興建油庫而被剷平（圖中成群的圓形結構物為油庫）。

間接指稱沙丘的地名

　　地名用字「沙／砂」並不是專指沙丘，但沙丘環境本來就多沙，所以也常見以「沙／砂」為聚落命名的案例。例如，彰化縣二林鎮大永里「大排沙（大永）」聚落，因為所在地原為沙丘起伏的荒涼地而得名（內政部，2018）。

　　「崙」字是指明顯凸起的小山丘，也不專指沙丘，類似的地名用字還有「山」、「屯／墩」、「崗／岡」、「埕」等字[2]。「山」指相對於周圍明顯高起可見的山丘[3]、「屯／墩」與「崗／岡」指平坦地面上的小岡埠，而「埕」則為土堆之意（內政部，2018；韋煙灶，2020；許淑娟，2010）。以《臺灣地區地名資料》收錄的地名為例（內政部，2018）：

- 彰化縣秀水鄉埔崙村「埔姜崙」聚落：埔姜是一種灌木或小喬木，因此區墾荒前為遍地埔姜叢生的沙丘，故得此名。

- 臺南市南區竹溪里「大山尖」聚落：據說此地以前為一座形狀尖聳的沙丘，故被稱為大山尖。

- 桃園市觀音區白玉里「白沙屯」聚落：因沙丘上的沙呈灰白色而得名。

- 雲林縣崙背鄉崙前村「崗仔背」聚落：因聚落位於沙丘北側而得名。

- 高雄市茄萣區白雲里「大埕」聚落：因沙丘宛如大土堆而命名。

與沙丘相關的附屬地名

　　沙丘在寬廣的平地上，常顯得特別突出，有如小山丘。相對的，一地被沙丘圍繞而地勢相對較低，若聚落選址於此，居民可能會有身處小盆地的感受，出現以「湖」、「凹」為名的聚落地名[4]（許淑娟，2010），以《臺灣地區地名資料》收錄的地名為例（內政部，2018）：

- 雲林縣元長鄉後湖村「後湖」與「中湖」聚落：因為聚落被沙丘環繞，猶如一小盆地而得名（圖1-4、圖1-5、照片1-3）。

- 臺南市西港區金砂里「沙凹子（砂凹仔）」聚落：因舊時沙丘遍布，而且受風蝕作用形成一局部窪地，故得名沙凹子（圖1-6）。

▲ 圖 1-4 雲林縣元長鄉後湖與中湖聚落（**1921**）

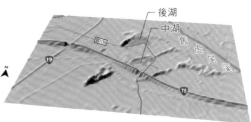

▲ 圖 **1-5** 雲林縣元長鄉後湖與中湖聚落地形立體圖
對比 1920 年代的地圖（參見圖 1-4），今日仍可見環繞後湖與中湖的沙丘群（圖上高起的地形即為沙丘）。

▲ 照片 **1-3** 雲林縣元長鄉後湖與中湖聚落（面向西方拍攝）
對比 1920 年代的地圖（參見圖 1-4），環繞兩聚落的沙丘群仍存於地景之中。

　　沙丘形態變化較多，先民可能會發揮想像力來爲形貌多樣的沙丘命名。例如，苗栗縣後龍鎮海埔里「鼻子頭」聚落與屏東縣佳冬鄉賴家村「葫蘆尾」聚落，便因爲當地海岸沙丘分別形似鼻子與葫蘆尖端而得名。此外，也常見到以動物形象來命名聚落的案例，例如新竹市香山區虎山里「虎仔山」聚落、苗栗縣竹南鎮大厝里「獅山」聚落[5]、雲林縣東勢鄉四美村「馬山厝」

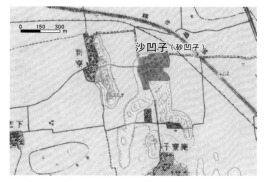

▲ 圖 1-6 臺南市西港區沙凹子聚落（**1921**）

聚落、臺東縣綠島鄉中寮村「龜山仔」聚落等。甚至有以「田螺」爲名的聚落，例如臺南市北區正風里「田螺鑽（田螺穴）」聚落，因沙丘底寬頂尖，有如田螺殼頂的圓孔，故得名田螺鑽（內政部，2018）。

咦！這裡以前也有沙丘？

　　臺灣有些沙丘雖然已被剷平，但仍能透過地名推測其位置，或可從地景中看出沙丘曾經存在的蛛絲馬跡，例如，雲林縣崙背鄉崙前村「崙前」聚落與東明村「崙背」聚落（圖1-7）。根據考證，這兩個聚落因爲分別位於沙丘的南側與北側而得名（內政部，2018；蘇明修、黃衍明，2009），由此可以推想崙前、崙背之間以前曾經有沙丘存在，但現在已不復見。

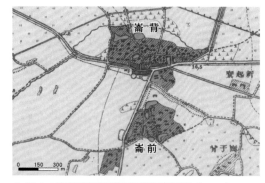

▲ 圖 1-7 雲林縣崙背鄉崙前與崙背聚落（**1921**）

　　又如，雲林縣土庫鎮西平里「山子腳（山仔腳）」的地名緣起是「因聚落位於東西綿長沙丘的南側而得名（內政部，2018）」。現在當地雖然幾乎沒有沙丘痕跡（圖1-8），但是在 1920 年代的地圖上，聚落北側確實有沙丘的標示（圖1-9）。讀者有注意到在這大片整齊排列的農田坵塊中，「山子腳」聚落附近的田地邊界特別不規則嗎？不妨套疊古今地圖（圖1-10），一起來找找當年聚落命名時所謂的「山」（沙丘）在哪裡！

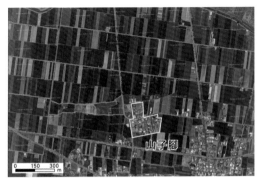

▲ 圖 1-8 雲林縣土庫鎮山子腳聚落正射影像
白線框起處是山子腳聚落的主要範圍。

▲ 圖 1-9 雲林縣土庫鎮山子腳聚落（1921）
在 1920 年代的地圖中，山子腳聚落北側有幾座長條形沙丘分布。

◀ 圖 1-10 雲林縣土庫鎮山子腳聚落正射影像（疊圖）
套疊 1920 年代地圖（參見圖 1-9）至現代正射影像上，發現山子腳聚落現在範圍（白線）與約一百年前（紅線）差異不大，其北側的農田坵塊顯得特別不規則（黃線），與早期沙丘分布範圍（綠線）似乎頗為相似。聚落北側的「山」（沙丘）是後來被剷平作為農地之用嗎？可以去請教當地居民喔！

沙丘相關聚落地名的分布

檢索內政部《臺灣地區地名資料》，可以篩選出 143 個與沙丘相關的聚落地名條目[6]。其中，直接指稱沙丘地形的「沙崙／砂崙」共 14 個，其他可見於沙丘地區，但不是專指沙丘的地名用字，包含「沙／砂」、「崙」、「山」、「崗／岡」、「屯／墩」、「埕」、「湖」、「凹」等（表1-1）。

沙丘可分為河岸沙丘與海岸沙丘，與河岸沙丘相關的聚落地名，主要分布於濁水溪新舊流路的河岸沙丘附近，包含彰化縣、雲林縣、嘉義縣的內陸（圖 1-11）；與海岸沙丘相關的聚落地名，主要出現在西海岸，分布在新北市至臺中市、臺南市至屏東縣等沿海地帶。沙丘分布之處，大多具有風強與多沙源的條件，以致附近的聚落常受沙害之苦（圖 1-12、圖 1-13）。

▼ 表 1-1 沙丘相關聚落地名數量統計表

類型	地名用字（聚落數量）
直接指稱沙丘	沙崙／砂崙（14）
間接指稱沙丘	崙（68）、山（40）、沙／砂（23）、屯／墩（3）、崗／岡（2）、堐（1）
附屬於沙丘環境	湖（14）、凹（1）

註：本表各類地名用字的聚落數量計算方式，請參見本章末註釋 7、8。

　　沙丘的形貌多樣，居民常以相似的動物或器物為聚落命名，下次有機會經過沙丘的時候，不妨發揮一下想像力，看看沙丘像什麼！此外，有些沙丘已經被剷除，留存下來的聚落地名是沙丘曾經存在的證據之一，若經過仔細的考證，便可作為當地環境變遷的鄉土教材喔！

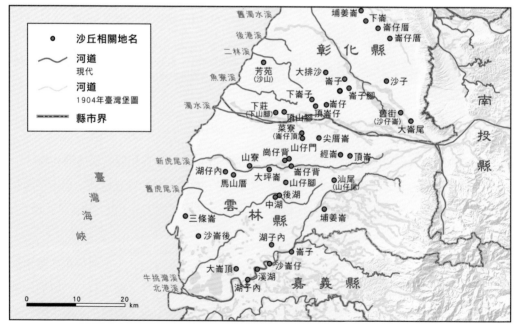

▲ 圖 1-11 濁水溪新舊流路與沙丘相關聚落地名分布圖
彰化縣、雲林縣以及嘉義縣北部的內陸地區出現許多沙丘相關地名，多與濁水溪新舊流路的河岸沙丘有關。

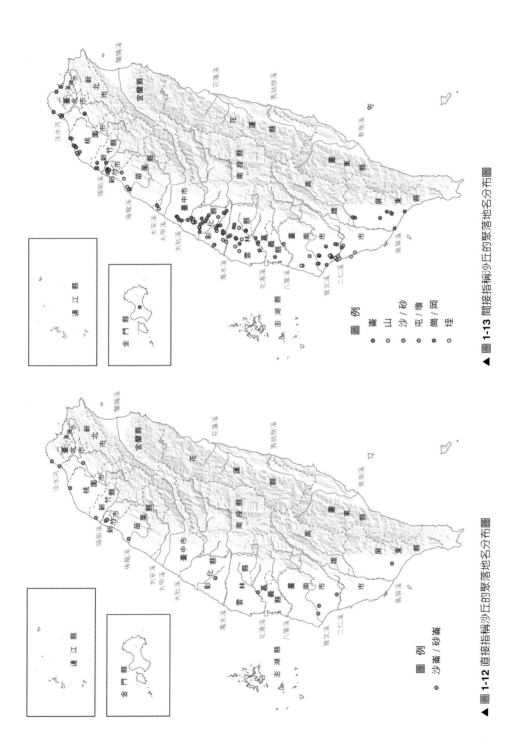

▲ 圖 1-13 間接指稱沙丘的聚落地名分布圖

▲ 圖 1-12 直接指稱沙丘的聚落地名分布圖

1 沙丘可依形態分爲發展初期的新月丘（barchan, crescentic sand dune）、與盛行風呈垂直方向發展的橫沙丘（transverse dune）、與盛行風呈一致方向發展的縱沙丘（longitudinal dune）以及已安定的舊沙丘再被吹蝕而成拋物線狀的拋物線狀沙丘（parabolic dune）／馬蹄丘（manha）（石再添等人，2008）。

2 1920 年日本政府施行街庄改正，更動部分地名，如改「墩」爲「屯」，改「崗」爲「岡」。

3 以「崙」或「山」命名的聚落中，也有不少與沙丘無關的聚落，例如臺中市西屯區福安里「山頂仔」聚落，因位處大肚台地上而得稱；又如彰化縣芬園鄉中崙村「中崙」聚落，因位於八卦台地面的中部位置而得名（內政部，2018）。沙丘也符合「周圍明顯高起可見的小山丘」之地形特徵，故只是「崙」或「山」所指地形的其中一類。

4 一個地方若四周有高地環圍，可能會被命名爲「湖」，常見於窪地，例如山間的河谷小盆地（許淑娟，2010）。

5 「獅山」聚落的地名由來有二種說法：一是因沙丘位於聚落的西側，乃稱西山；二是沙丘形似獅子，乃稱獅山（內政部，2015）。

6 本章首先以「沙丘」相關的數個關鍵字，自《臺灣地區地名資料》聚落類地名的「地名意義」、「地名沿革與文獻歷史簡述」、「地名相關事項訪談內容」等項，篩選出提及「沙丘」或「砂丘」的地名條目（流程見第十二章），再逐條閱讀，最後確認與沙丘地形相關的聚落地名 143 個，列於附錄（參見如何使用本書）。

7 本表統計數字，只有計算聚落地名中包含與沙丘地形或沙丘所在環境相關的地名用字者，即從聚落名無法直接看出與沙丘地形或所在環境相關者，僅列於附錄（參見如何使用本書）。

8 本表中「崙」、「沙／砂」的聚落地名數量，也包含以「沙崙／砂崙」爲名者。

第二章

沙洲與相關地名

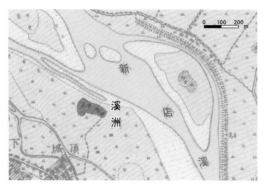

沙洲（sand bar）是指因沙礫堆積而露出水面的平坦地形。在臺灣的眾多聚落中，地名命名與沙洲地形最直接相關的是「溪洲」或「溪州」，例如，位於新北市新店區頂城里的「溪洲」聚落（圖2-1）。

◀ 圖 2-1 新北市新店區溪洲聚落（**1921**）

沙洲的成因與分布

　　沙洲地形容易出現在沙礫等沉積物供給量大，且地勢又低平的地方。當河水或海水流速降低時，水流搬運能力下降，沙礫常在河床或海床上堆積出表面大致平坦的沙洲，依其位置可以分為河流沙洲與海岸沙洲兩大類。例如，在臺灣大河川的中下游常形成河流沙洲，在西南部沿海常形成海岸沙洲（照片2-1）。河流沙洲有位於河流凸岸的突洲（point bar），以及位於河床流路之間的中洲（middle bar）；海岸沙洲多平行海岸，有露出於海面且不與陸地相連的濱外沙洲（offshore bar）／堰洲島（barrier island），也有一端與陸地相連、另一端延伸入海中的沙嘴（sand spit）（石再添等人，2008）。

▲ 照片 **2-1** 淡水河口左岸沙洲（面向東南方拍攝）
照片中可見淡水河口左岸的沙嘴，以及退潮時可露出海面的水下沙洲。

直接指稱沙洲的地名

　　沙洲是臺灣河岸與海岸常見的地形，當先民來到河濱或海岸落腳，注意到居住地附近的沙洲時，可能會以沙洲的地形特徵來爲聚落命名。最常見且直接指稱沙洲的地名是「洲／州」或「溪洲／溪州」，例如：

- 雲林縣二崙鄉庄西村「洲仔」聚落：此地原爲濁水溪畔的沙洲地，故得此名（內政部，2018）。

- 新北市新店區頂城里「溪洲」聚落：由於聚落位於新店溪畔的大面積長形沙洲上，故得其名（內政部，2018）（圖 2-1、圖 2-2）。

- 新竹市北區舊港里「船頭溪洲（溪洲）」聚落：因位於頭前溪河口的沙洲上而得名（張智欽、韋煙灶，2005）（圖 2-3、照片 2-2）。

▲ 圖 2-2 新北市新店區溪洲聚落一帶衛星影像（**1966**）
圖中紅色虛線爲當時溪洲聚落的範圍。此外，與 1920 年代的地圖相比（參見圖 2-1），1966 年 Corona 衛星影像上新店溪河道沙洲形態有顯著的變化。

▲ 圖 2-3 新竹市北區船頭溪洲聚落一帶衛星影像（**1966**）

圖中紅色虛線為當時船頭溪洲聚落的範圍，自 1966 年 Corona 衛星影像可看出該聚落位於頭前溪的河流沙洲上。當時頭前溪中有兩塊面積頗大的沙洲，但今日鄰近出海口的沙洲已流失而不復見，僅船頭溪洲聚落所在的沙洲尚存（參見照片 2-2）。

▲ 照片 **2-2** 新竹市北區船頭溪洲聚落一帶（面向東南方拍攝）

臺灣西部海岸，有一組獨特的地名用字用來指稱沙洲地形——「汕／線／傘」（許淑娟，2010）。由於汕、線、傘的閩南語都讀為「Sua」，所以這三個字常被交互使用。例如，臺南市安南區四草里「北汕尾（北線尾）」聚落，昔日就位於環繞台江內海的濱外沙洲上（內政部，2018；張瑞津等人，1996）。此外，臺南海岸還有多處以「鯤鯓／鯤身」為名的聚落，也是指稱聚落所在的沙洲。

與沙洲相關的附屬地名

沙洲鄰近河流或海洋，附近常是一大片的平坦荒地，也常成為從事漁業活動的基地，漁民會在沙洲上搭建煮曬漁獲、修補漁網或工作歇息用的草寮，附近也可能會出現以指稱大片平坦荒地的「埔」（許淑娟，2010）或指涉臨時性小屋的「寮」[1]（陳瑷瑋，2018）為名的聚落。以《臺灣地區地名資料》收錄的地名為例（內政部，2018）：

- 桃園市大溪區一德里「順時埔」聚落：此地舊時為大漢溪畔的沙洲，當地居民稱之為「埔」；又因守時、守信的人們居住於此，故得名順時埔。

- 新北市汐止區長安里「溪州寮」聚落：為基隆河及其支流保長坑溪沖積而成的沙洲，因清代漢人入墾時，有人於此沙洲搭建簡易草寮居住，故稱為溪州寮。

- 高雄市大寮區琉球里「洲仔寮（琉球仔）」聚落：可能因此地位於高屏溪畔的沙洲，居民最初在此搭寮開墾，故得名洲仔寮。

有些地方曾經更名，可能將原有指示沙洲地形特徵的地名用字改掉，需要透過進一步探查，才能知道來龍去脈。以《臺灣地區地名資料》收錄的地名為例（內政部，2018）：

- 金門縣金沙鎮西園里「三獅山」：當地自明代即稱為「汕尾」，因位於金門東北海岸岬角的沙洲末端而得名。1950 年代國共對峙之際，因軍事位置險要，國軍在此築水泥坑道、架設機關槍與火砲陣地，為擴大視野，填高此地至 39 公尺，宛若一座小山，故將汕尾改名為三獅山沿用至今。

- 雲林縣莿桐鄉大美村「大美」聚落：舊稱「下大埔尾」，大埔尾是指大片平坦未墾荒地的尾端，此未墾荒地即為沙洲。在日治末期為求地名雅化，將「尾」改為「美」並省略「埔」字，沿用至今。

守護海岸的大魚——鯤鯓

　　離岸不遠的濱外沙洲突出海上，有如大魚（鯨魚）浮於水面，閩南語系先民稱作「鯤鯓／鯤身」。鯤鯓之名最常見於臺南海岸，例如，位於臺南市將軍區鯤鯓里的「青鯤鯓」聚落，因陽光照於濱外沙洲上略呈青色，遠望有如青色大魚浮於海上而得名[2]（內政部，2015）（照片 2-3）。

　　古代台江內海南側也曾有一系列的濱外沙洲，北起今日鹽水溪口，南至二層行溪（二仁溪）口以南，由北而南依次被命名為一鯤鯓至七鯤鯓（內政部，2018）。本區還可見到以「鯤鯓」為名的聚落，例如臺南市安平區漁光里的「三鯤鯓」聚落（圖 2-4）與南區鯤鯓里的「四鯤鯓」聚落（圖 2-5）。

　　其實，台江內海自十七世紀開始漸漸淤積陸化，這些昔日圍繞內海的濱外沙洲逐漸和陸地相連，各沙洲之間的潮流口也已淤塞而連成一氣（張瑞津等人，1996）。大家也會好奇到底這七個沙洲的位置在哪裡？各界對一鯤鯓到四鯤鯓位置的看法較為一致，分別位於安平古堡一帶、億載金城附近、漁光島和鯤鯓里。五鯤鯓到七鯤鯓的位置似乎還無定論[3]，根據《臺灣地區地名資料》收錄的地名條目所列，五鯤鯓在喜北里舊美軍基地一帶，但遺址已難辨認，六鯤鯓應該是喜樹聚落，七鯤鯓可能在松安里的灣裡聚落[4]（圖 2-6）。

　　再仔細看看現在的地圖（圖 2-6），為何「三鯤鯓」又位在島上了呢？事實上沙洲為易於變動的地形，颱風巨浪可能淤塞原有的潮流口，也常侵蝕出新的潮流口，但三鯤鯓

▲ 照片 **2-3** 臺南市將軍區青鯤鯓聚落（面向西方拍攝）

聚落所在的「漁光島」，則是因為開通安平漁港和安平新港的航道而形成的。下回到海邊時，不妨多留意以海岸沙洲為名的聚落，這可是推測過往地形景觀與環境變遷的重要線索喔！

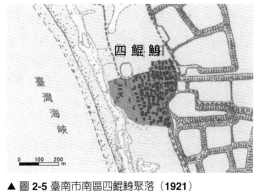

▲ 圖 2-4 臺南市安平區三鯤鯓聚落（**1921**）
分隔三鯤鯓沙洲（今稱漁光島）的水域（鯤鯓湖）面積因陸化而逐漸縮減，如今三鯤鯓和陸地之間只隔狹窄水道，並有橋樑連結。漁光島的形成則與安平漁港和安平新港的航道開通有關（參見圖2-6）。

▲ 圖 2-5 臺南市南區四鯤鯓聚落（**1921**）
原分隔四鯤鯓沙洲的水域（鯤鯓湖），不是變成陸地就是開闢為魚塭，可說已經完全陸化（參見圖2-6）。

◀ 圖 2-6 臺南沿海鯤鯓地名位置圖
本圖上一鯤鯓至七鯤鯓的位置，係參考《康熙臺灣輿圖》之地名點位圖層（中央研究院，2003），筆者將之套疊在現今地圖，大致可得到：一鯤鯓位於安平古堡一帶，二鯤鯓位於億載金城附近，三鯤鯓位於現今的漁光島，四鯤鯓為今臺南市南區鯤鯓里鯤鯓社區一帶，六鯤鯓、七鯤鯓則分別在喜樹、灣裡聚落附近，而五鯤鯓則介於四鯤鯓和六鯤鯓之間。

沙洲相關聚落地名的分布

　　檢索內政部《臺灣地區地名資料》，可以從中篩選出113個與沙洲相關的聚落地名條目[5]。其中，直接指稱沙洲地形的地名有75個使用「洲／州」、29個使用「溪洲／溪州」、8個使用「汕／線／傘」，還有5個以「鯤鯓／鯤身」為名，其他可見於沙洲地區，但並不是專指沙洲的地名用字包含「埔」與「寮」（表2-1、圖2-7、圖2-8）。

▼ 表2-1 沙洲相關聚落地名數量統計表

類型	地名用字（聚落數量）
直接指稱沙洲	洲／州（75）、溪洲／溪州（29）、溪（36）、汕／線／傘（8）、鯤鯓／鯤身（5）
附屬於沙洲環境	埔（11）、寮（6）

註：本表各類地名用字的聚落數量計算方式，請參見本章末註釋6、7。

　　沙洲可分為河流沙洲與海岸沙洲，與河流沙洲相關的聚落地名，主要出現在本島各大河川（如：淡水河、頭前溪、濁水溪、八掌溪、曾文溪、高屏溪、蘭陽溪等），其中最直接相關的地名「溪洲／溪州」主要分布在桃園市的大漢溪、新竹縣市交界的頭前溪，以及臺南市的曾文溪等地（圖2-7）；與海岸沙洲相關的聚落地名，多位於嘉義縣東石鄉以南至屏東縣枋寮鄉以北的海岸線上，其中最有趣的是昔日位於臺南海岸線外，以「鯤鯓／鯤身」為名的濱外沙洲，是臺灣獨特的命名方式（圖2-8）。

　　沙洲是易因變動而消失的地形，可能受河流、海岸作用或人為土地利用影響，而不易於地景中覺察。若想查證聚落附近是否曾有沙洲地形，可透過追溯地名來了解當時聚落周邊的環境特性，作為推論沙洲地形存在與否的證據之一喔！

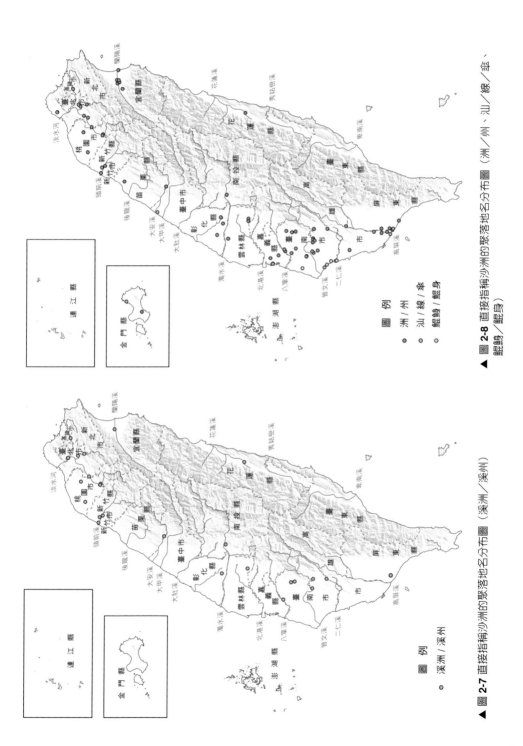

▲ 圖 2-8 直接指稱沙洲的聚落地名分布圖（洲／州、汕／線／崙、鯤鯓／鯤身）

▲ 圖 2-7 直接指稱沙洲的聚落地名分布圖（溪洲／溪州）

1　「寮」指從事某種生產加工的工作小屋，或是守望之人執行任務居住的小屋，原屬臨時性建物，若日久形成常時性聚落時，則會引爲地名（陳瑋瑋，2018）。

2　青鯤鯓聚落地名由來的另一說法：「比喻茂生植物的濱外沙洲，有如大魚浮出水面之狀。」（內政部，2015）。

3　五鯤鯓至七鯤鯓的位置有不同說法，例如也有人認爲這三處依序位於現今的臺南市南區喜樹、灣裡與高雄市茄萣區白砂崙一帶。

4　若以二層行溪（二仁溪）北側基地爲鯤鯓尾端，松安里的沙丘可能是七鯤鯓所在，但二層行溪出口曾經變動，而且溪南的白砂崙另有「鯤鯓頭」之稱，所以七鯤鯓的位置仍待討論。

5　本章首先以「沙洲」相關的關鍵字，自《臺灣地區地名資料》聚落類地名的「地名意義」、「地名沿革與文獻歷史簡述」、「地名相關事項訪談內容」等項，篩選出提及「沙洲」的地名條目（流程參見第十二章），再逐條閱讀，最後確認與沙洲地形相關的聚落地名 113 個，列於附錄（參見如何使用本書）。

6　本表統計數字，只有計算聚落地名中包含與沙洲地形或沙洲所在環境相關的地名用字者，即從聚落名無法直接看出與沙洲地形或所在環境相關者，僅列於附錄（參見如何使用本書）。

7　本表中「洲／州」的聚落地名數量，也包含以「溪洲／溪州」爲名者。

第三章

河階、台地及相關地名

　　河階（fluvial terrace, river terrace）與台地（tableland）是頂部大致平坦而且至少一側有陡崖的地形。在臺灣的眾多聚落中，地名命名與河階、台地地形最直接相關的是「坪／平」或「層」，例如，位於南投縣草屯鎮土城里的「二坪」與「三層崎」聚落（圖3-1）。

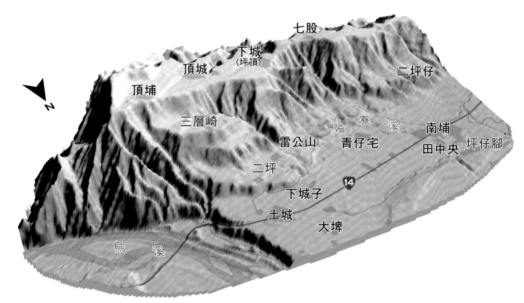

▲ 圖 3-1 烏溪中游左岸河階群地形立體圖
　　二坪、三層崎中的「坪」、「層」直接指稱河階面，另一地名「坪仔腳」亦與河階面相關（參見第十一章）。

河階、台地的成因與分布

　　河階是沿河岸發育的階狀地形，由河階崖與河階面組成。當河流下切形成新河床，原本的河床（舊河床）與氾濫平原相對抬升，便形成河階面，而新河床或氾濫平原與河階面之間的陡坡則稱為河階崖（石再添等人，2008）。

　　河階有多種分類方式，如果按照分布位置與形狀，可以分為沿平直河谷兩側形成的直形河階（straight terrace）與在河流凸岸處形成的劇場河階（amphitheater terrace）[1]（石再添等人，2008）。臺灣本島許多河流的中游河谷，河階頗為發達，但是各地河階的分布、形態與階數不盡相同[2]。著名的河階有大漢溪的大溪河階群、大甲溪的新社河階群、烏溪的草屯河階群，還有東部卑南溪支流鹿野溪的鹿野河階群等（照片3-1、照片3-2）。

▲ 照片 **3-1** 大漢溪中游大溪河階群（面向西南方、往上游拍攝）

▲ 照片 **3-2** 鹿野河階與鹿野高台（面向西方、往上游拍攝）
緊鄰鹿野溪北方的是廣大的鹿野河階（龍田聚落所在），再往北方即為更早形成的鹿野高台，其東側與南側的陡坡均為河階崖。

　　台地是中央較高、四周較低而且頂部大致平坦的桌狀地形，由台地面與台地邊坡組成。臺灣多數台地的前身是沖積扇，歷經多次抬升、河道遷移下切成多段河階，發育在邊坡的溪溝持續切割侵蝕，形成殘餘台地面。與一般河階相較，通常面積、比高都較大，而且形成年代較早。臺灣目前保有較廣台地面的地點自北而南有林口、桃園、后里、大肚、八卦與恆春台地等（照片 3-3、照片 3-4）。

　　按照台地組成物質而言，上述台地的頂部多覆蓋透水性較差的紅土層，下部則常見河流堆積的礫石，而被稱為紅土礫石台地[3]；不過，恆春台地除了紅土礫石層外，還有隆起珊瑚礁與生物碎屑形成的石灰岩分布。臺灣的台地也常受到活動斷層作用影響，其中大肚、八卦與恆春台地曾發生傾動，形成東緩西陡的形態。台地邊緣的陡峭台地崖，常受到水流侵蝕切割，而出現發達的蝕溝或小溪谷。

▲ 照片 **3-3** 遠眺林口台地（面向西方拍攝）
從臺北盆地往西北眺望，可看見林口台地頂部的平坦台地面。

▲ 照片 **3-4** 遠眺恆春台地（面向南方拍攝）
自屏東縣枋山鄉海岸向南遠眺，可見恆春台地向東傾斜的台地面與西側的陡峭台地崖。

直接指稱河階、台地的地名

　　河階與台地頂部平坦，適合農業發展，而且位置較高，不易受洪水影響[4]，常被選為早期聚落發展的地點，因而出現許多與河階或台地地形特徵相關的聚落地名。

　　河階面與台地面是地勢高起的平坦地，先民常用形容較周圍高而頂部平坦的「坪／平」字（洪敏麟，1999）為河階面或台地面上的聚落命名，以《臺灣地區地名資料》收錄的地名為例（內政部，2018）：

- 南投縣草屯鎮土城里「二坪」聚落：因位在土城聚落往南的第二層河階面上而得名（圖 3-1）。

- 南投縣水里鄉鉅工村「二坪仔」聚落：相對於水里市街所在的濁水溪右岸河階面，本聚落位於更高層的階面上，故得此名（圖 3-2）。

- 屏東縣恆春鎮頭溝里「大平頂（大坪頂／太平頂）」聚落：因聚落位於恆春台地北段略成平坦的台地面上而得名（圖 3-3）。

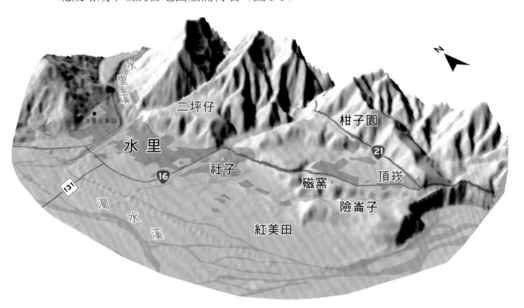

▲ 圖 3-2 南投縣水里鄉二坪仔聚落一帶地形立體圖
二坪仔聚落得名於高而平坦的河階面，另一地名「頂崁」則與河階崖相關（參見後文）。

發達的河階地形常包含多個階面，如果在視野中一覽如階梯般一層又一層的階面時，先民可能會使用「層」字來描述所在的階面位置，例如：

- 南投縣草屯鎮土城里「三層崎」聚落：因其位在第三層河階上而得名（內政部，2018）（圖 3-1）。

- 桃園市大溪區一德里「二層仔（二層）」與福安里「三層」聚落：兩聚落分別位在大漢溪右岸的第二層及第三層河階上，故得此名（內政部，2018）（圖 3-4、照片 3-1）。

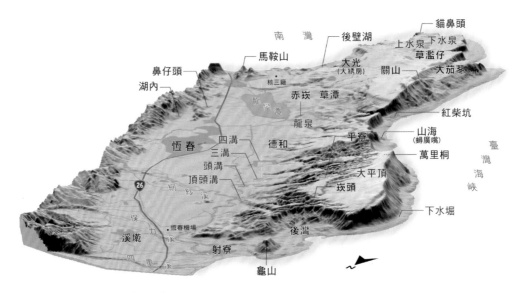

▲ 圖 3-3 恆春半島西部地形立體圖
大平頂聚落因位於恆春台地較平坦的台地面上而得名;「頂頭溝」、「頭溝」、「三溝」、「四溝」因位處台地邊坡的溪谷而得稱;「下水堀」、「龍泉」、「上水泉」、「下水泉」則與台地崖下湧泉相關(參見後文與第七章)。

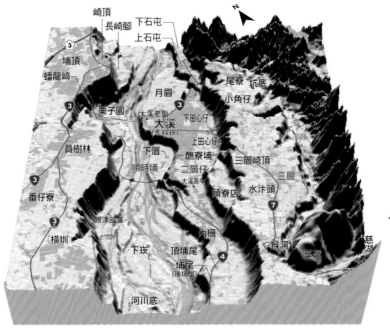

◀ 圖 3-4 大漢溪中游大溪河階群地形立體圖二層仔、三層聚落的「層」指稱形似階梯般的河階地形;另一地名「順時埔」與大漢溪畔的沙洲相關(參見第二章)。

　　另外，由活動斷層作用形成的構造階地，也可能以「坪」或「層」為階面上的聚落命名。例如，臺東縣鹿野鄉瑞隆村的「二層坪（坪頂）」聚落，因位於卑南溪西岸的第二層階地上而得名（內政部，2015）。該地是受池上斷層、利吉斷層作用而抬升形成的階地（姜彥麟等人，2012），也使得位於鹿寮溪沖積扇扇端的大埔尾、二層坪聚落，地勢反而高於扇央，灌溉不易（圖3-5、照片3-5）。為克服環境限制，當地居民便挑土墊高水路，興建「浮圳」以輸水灌溉，近年則改建並命名為「二層坪水橋」（照片3-6）。

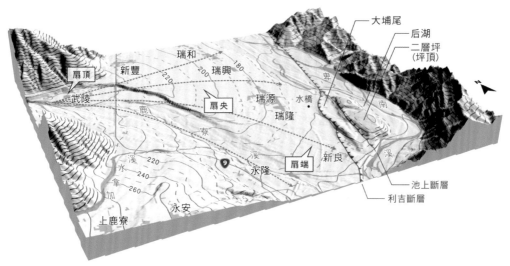

▲ 圖 3-5 臺東縣鹿野鄉二層坪聚落一帶地形立體圖
綠色虛線箭頭指示鹿寮溪沖積扇範圍，斷層線箭頭則指示上盤方向。

▲ 照片 3-5 臺東縣鹿野鄉二層坪聚落一帶（面向北方、往上游拍攝）

▲ 照片 **3-6** 二層坪水橋（面向東方拍攝）
照片中白色虛線標示兩道斷層崖的大致位置。

間接指稱河階、台地的地名

在河階與台地常見到以「崁／坎」或「崎」命名的聚落，雖然這兩組字會出現於其他地形區，不過也常用來指稱河階崖（許淑娟，2010）。這可能是因為陡崖在河階或台地的地景之中非常醒目，當聚落位置鄰近河階崖或台地邊緣時，先民常會以此地形特徵命名。以《臺灣地區地名資料》收錄的地名為例（內政部，2018）：

- 南投縣水里鄉頂崁村「頂崁」聚落：位於濁水溪右岸河階崖頂上而得名（圖3-2）。

- 臺中市石岡區和盛里「崁下」聚落：位在大甲溪左岸河階崖下方而得稱（圖3-6）。

- 臺中市新社區協成里「長崎頭（長崎頂／田寮）」聚落：位於大甲溪左岸河階的階崖頂端，地勢較高、道路爬坡道較長，因而命名為長崎頭（圖3-6）。

除此之外，也會用河階崖來區分位在多層階面上的聚落。例如，位於大安溪與大甲溪之間的后里台地，有高高低低8層的寬廣河階（楊貴三、沈淑敏，2010），便出現許多以河階崖命名的聚落，如「二崁」、「三崁」、「四崁」、「四崁尾」、「五崁腳（上安定）」「六分三崁」、「崁頭」、「後崁」，還有「崎頂」、「土城崎」、「牛軛崎」、「豆菜寮崎」、「蕃社崎」、「埤腳崎（埤腳）」和「打死人崎」等（圖3-7），相當有趣。

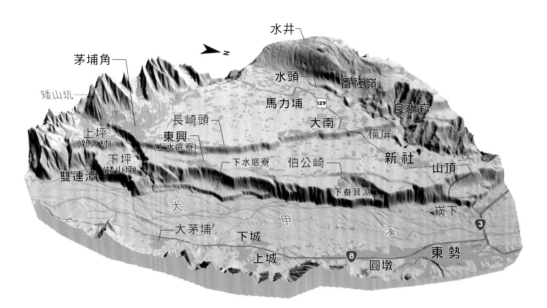

▲ **圖 3-6** 大甲溪中游新社河階群地形立體圖

長崎頭、崁下聚落因分別位於河階崖的上、下而得稱；另一地名「大茅埔」因位在平坦且未開墾的河階面上而得名；而「上坪」、「下坪」、「橫屏」與「伯公崎」也與河階面、河階崖有關（參見後文與第十一章）。

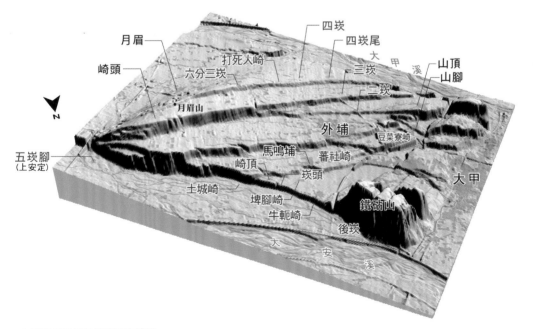

▲ **圖 3-7** 后里台地地形立體圖

　　值得一提的是，河階、台地地形區常可見以「崁／坎」與「崎」命名的地名，而山區則較少見。看起來是因爲河階、台地頂部平坦，相較之下，陡崖在地景中顯得特別醒目，容易成爲聚落命名依據的緣故吧！

與河階、台地相關的附屬地名

　　通常在臺灣形成年代較早的河階[5]或台地上常可見到紅土層，相當醒目，先民可能會將這種土壤特徵加入地名之中（照片 3-7）。以《臺灣地區地名資料》收錄的地名爲例（內政部，2018）：

- 南投縣埔里鎮向善里「赤崁腳」聚落：因位於眉溪北岸覆有紅土層的河階崖下方而得名。

- 新北市五股區五龍里「紅路崎」聚落：因所在地爲覆有紅土層的林口台地崖上，且道路陡峭，故得此稱。

- 南投縣名間鄉赤水村「赤水」聚落：此地位居八卦台地南段東側斜面上，每遇雨季，台地上紅土層便會被雨水侵蝕，導致水流之中經常挾帶紅土而呈現紅色，故將聚落命名爲赤水。

◀ 照片 **3-7** 八卦台地紅土礫石層

　　「埔」指大片平坦未開墾的荒地（許淑娟，2010），是臺灣極爲常見的聚落地名用字，並不專屬於河階或台地的環境。河階面或台地面上頗爲平坦，當聚落所在之處符合大片平坦未墾荒地的地景特徵時，則可能使用「埔」字爲聚落命名，以《臺灣地區地名資料》收錄的地名爲例（內政部，2018）：

- 臺中市東勢區慶東里「大茅埔」聚落：此地位於大甲溪東岸的河階上，因先民入墾前爲茅草廣布的荒埔地而得名（圖 3-6）。

- 南投縣名間鄉埔中村「埔中（埔中央／埔頂）」聚落：因位於八卦台地頂部地勢平坦之處的中央，而得其名（圖 3-8）。

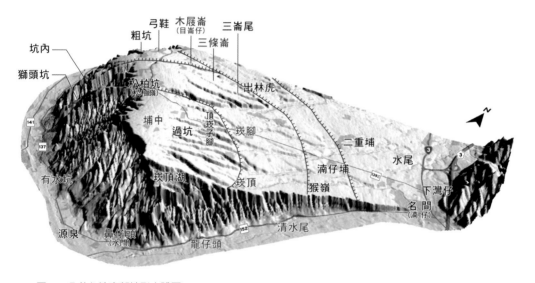

▲ **圖 3-8 八卦台地南部地形立體圖**
埔中聚落的命名緣由與地勢平坦的台地頂部相關；除此之外，八卦台地南部還有與台地邊坡溝谷相關的「有水坑」、與蝕餘台地面相關的「三條崙」和「木屐崙」、與崖下湧泉相關的「清水尾」、與台地崖形狀相關的「龍仔頭」和「鼻仔頭」，以及與相對高低位置相關的「崁頂」和「崁腳」等地名（參見後文）。

　　台地的高度雖然常只有數百公尺，但是從周圍低地仰望，仍高起如山，因此先民可能會使用「山」字作爲聚落地名。例如，彰化縣芬園鄉溪頭村「山仔腳」聚落，因位於八卦台地的東坡下而得名（內政部，2018）。

　　台地邊坡若受水流切割旺盛，常形成多而密的蝕溝與溪谷，而且因爲集水區小，多數溪谷在非雨季時是近乎乾涸。溪谷是人們來往台地上下的路徑，加上有取水、避風的優勢，於是成爲聚落選址的所在（楊貴三、葉志杰，2020），而出現相當多形容溪谷的「坑」字地名，其次爲「窩」與「溝」字地名[6]（許淑娟，2010）。其中，「坑」與「溝」是閩南與客家族群通用的地名，而「窩」則是客家族群特有的地名。以《臺灣地區地名資料》收錄的地名爲例（內政部，2018）：

- 彰化縣二水鄉惠民村「有水坑」聚落：聚落附近的溝谷長約 990 公尺，因有湧泉而常見有水，故得此名（圖 3-8）。

- 新竹縣新埔鎮下寮里「燒炭窩」聚落：此地爲桃園台地邊坡的溪谷，因邊坡多相思林，居民在此築窯燒木炭，炭窯爲數甚多，而被冠名燒炭。

- 屏東縣恆春鎮茄湖里「頂頭溝」、頭溝里「頭溝」、四溝里「三溝」及「四溝」聚落：恆春台地東坡有數條向東流的溪溝，這些聚落因位於溪溝旁，由北而南依次被冠名爲頂頭溝、頭溝、三溝及四溝（圖 3-3）。不過，目前沒有發現以二溝爲名的聚落。

受發育旺盛的蝕溝向源及向下侵蝕切割的殘餘台地面，呈現一條又一條的小山稜或小山丘，注意到此地形特徵的先民，可能會以指稱小丘阜的「崙」作爲聚落地名。以《臺灣地區地名資料》收錄的地名爲例（內政部，2018）：

- 南投縣名間鄉三崙村「三條崙（中庄）」聚落：因附近有三條蝕餘的台地面，有如三條小山稜而得名（圖 3-8）。

- 南投縣名間鄉三崙村「木屐崙（木履崙／目崙仔）」聚落：此聚落建在一個形狀近似木屐的小山丘附近，此小丘爲蝕餘台地面[7]（圖 3-8）。

在林口台地上，可見到一些以「湖」爲名的聚落地名，意指台地面上低凹的盆狀地區。由於林口台地面大部分區域地勢開闊、幾無遮蔽而飽受強勁東北季風吹襲之苦，僅觀音山可略作屏障，因此早期台地上的先民除了選擇在背風處、溪谷定居之外，也會選址於台地面上的小盆狀低凹地避風（楊貴三、葉志杰，2020）。例如，新北市林口區湖北里「湖仔」聚落，地名中的「湖」字指此聚落位於台地上的盆狀低地，可以避風而利於農耕及居住（內政部，2018）。

河階與台地地勢較高，早期聚落如何取得日常生活與灌溉用水，是重要的考量[8]。「水」指溪水、泉水或圳水，臺灣以水爲地名之處，多數在取水不易或水有特殊現象的地方；「井」指水井；「堀／窟」指低窪聚水地或某物聚集之地；「泉」指泉水（許淑娟，2010）。這些與水有關的常見地名用字，在河階與台地區，大多是指崖下湧泉。河階崖與台地崖的崖腳位於坡度急遽轉變的下坡處，有利於崖下湧泉的形成（圖 3-9）。以《臺

灣地區地名資料》收錄的地名爲例（內政部，2018）：

- 南投縣名間鄉新民村「清水尾」聚落：此地位於八卦台地崖下方，泉水豐富，聚水成溪，因溪水清澈見底，有別於濁水溪，加上聚落在該溪尾端，故名清水尾（圖3-8、圖3-9）。

- 南投縣名間鄉赤水村「井仔頭」聚落：由於聚落所在的八卦台地面上缺乏水源，當地居民紛紛前往西側台地崖下汲取湧泉使用，故得此名。

- 屏東縣車城鄉後灣村「下水堀（崁下庄）」聚落：因聚落鄰近恆春台地崖腳，有自然湧出的地下水而得名（圖3-3）。

- 臺中市清水區海風里「泉水洞」聚落：因該地居於大肚台地北端崖下的出泉處而得名。

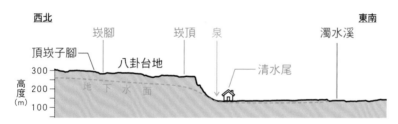

▲ 圖 3-9 崖下湧泉示意圖

地下水面雖會受地形影響而起伏，但起伏的變化較小，因此在坡度急遽改變的下坡處便有利於地下水面與地表相切，自動流出而形成湧泉。本圖以八卦台地南側清水尾聚落的崖下湧泉作爲示例（剖線位置參見圖 3-16—C-C'）。

另一種因應台地頂部缺水的方法是修築埤塘，最爲知名的是桃園台地[9]。根據統計，在 1913 年前後，此台地上有一萬多個埤塘，至今還有數千個之多[10]，也因此本區出現不少以指稱埤塘的「湖」[11]與「陂／埤／坡」爲名的聚落[12]（韋煙灶，2020）。以《臺灣地區地名資料》收錄的地名爲例（內政部，2018）：

- 桃園市楊梅區三湖里「長坡（長陂）」聚落：附近有一長串連成長方形以供灌溉與養殖用的埤塘，久而久之便成爲地名。

- 桃園市楊梅區三湖里「三湖」聚落：地名中的「湖」指灌溉用的埤塘。

擁有獨特形貌的河階或台地可能成為先民為聚落命名的依據，《臺灣地區地名資料》中便收錄不少有趣的案例（內政部，2018）：

- 新竹縣峨眉鄉富興村「左腳坪」與「右腳坪」聚落：這兩個聚落位於緊鄰峨眉溪北岸的河階面，階面中央被谷地分為東、西兩部分，因外型似人類的雙腳，以人體面向河的方位認定，位於東半部階面的聚落被稱為左腳坪，而位於西半部階面的聚落則被稱為右腳坪（圖3-10、照片3-8），相當有趣呢！

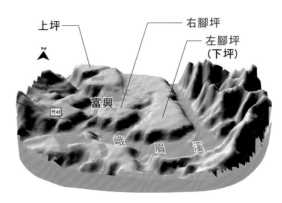

▲ 圖 **3-10** 新竹縣峨眉鄉左腳坪與右腳坪聚落地形立體圖

- 新竹縣峨眉鄉峨眉村「峨眉（月眉）」聚落：由於聚落所在的河階面形似彎月，故得其名（圖3-11）。

- 桃園市復興區澤仁里「角板」聚落：此地位於大漢溪北岸的河階上，相傳光緒12年（1886）巡撫劉銘傳到此地時，見河階地形平坦如板，且附近有海拔高度六百餘公尺之山，山峰如角，因而將山名取為角板山，聚落名則簡稱為角板（圖3-12、照片3-9）。

- 彰化縣二水鄉倡和村「龍仔頭」與源泉村「鼻仔頭」聚落：兩聚落分別因附近的台地崖形似龍頭與鼻頭而得名（圖3-8）。

- 臺中市清水區海風里「文椅坐」與彰化縣芬園鄉舊社村「金交椅」聚落：兩地分別居於大肚台地北坡和八卦台地東坡的小溪谷中，從遠處眺望，在谷地中的聚落就像位於交椅[13]的椅座，兩側較高的山丘宛如扶把，而聚落背後拔地而起的山壁則像椅背，聚落因而得名，相當特別！

▲ 照片 **3-8** 新竹縣峨眉鄉左腳坪與右腳坪聚落（面向北方、往上游拍攝）

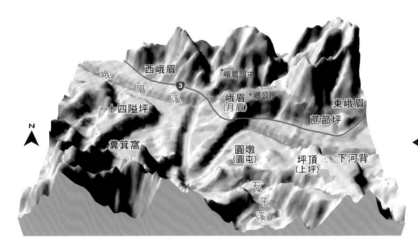

◀ 圖 **3-11** 新竹縣峨眉鄉峨眉（月眉）聚落地形立體圖

峨眉（月眉）聚落位於微彎的河階面上，其形態有如彎月，故得此名。

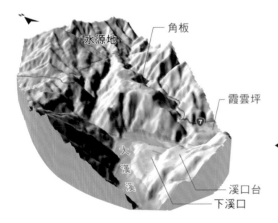

◀ 圖 **3-12** 桃園市復興區角板聚落地形立體圖

角板聚落的「板」字得名於平坦的河階面；另一地名「溪口台（Rahaw ／ Takan）」的族語名也與河階相關（參見後文），「霞雲坪（Hbun）」的族語名則與河川匯流相關（參見第五章）。

與河階、台地相關的原住民族地名

臺灣河階的分布雖然以中游河谷最為發達，但是上游河谷或谷口也常有河階或扇階[14]的分布，原住民族傳統領域中常可見到這類地形。根據《臺灣地區地名資料》聚落類地名的地名解釋，也可搜尋到原住民族以河階地形特徵命名的案例。例如：

- 桃園市復興區澤仁里「溪口台（Rahaw ／ Takan ／溪口臺）」部落：「Rahaw」在泰雅族語引申指地形上延伸的平緩地[15]，該處河階具有這樣的特徵，故得名（圖 3-12、照片 3-9）（內政部，2015）。

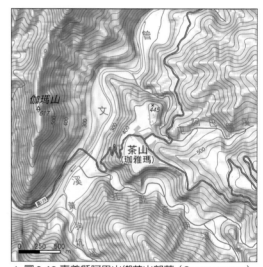

▲ 圖 3-13 嘉義縣阿里山鄉茶山部落（**Cayamavana**）一帶地形圖

- 嘉義縣阿里山鄉茶山村「茶山（Cayamavana）」部落：位於山區溪流谷口處的河階常是「扇階」，指沖積扇面相對抬升而形成的河階，而茶山部落的鄒族語名為「珈雅瑪（Cayamavana）」，意指山腰上的平原（嘉義縣阿里山鄉公所，2015），即指部落所在的曾文溪左岸支流扇階（圖3-13）。

- 臺東縣太麻里鄉金崙村「加里雅曼（Galiyamon）」：地名是由排灣族語「Galiyamon」音譯而來，意為上小下大的雙層平地，指位於金崙溪北岸上層窄小、下層寬大的兩層河階（內政部，2018）。

- 花蓮縣瑞穗鄉奇美村「奇美（kiwit）」部落的「Lingpawan」與「Lanar」：奇美部落位於秀姑巒溪旁的階地上，其中有兩個小地名「Lingpawan」與「Lanar」，在阿美族語中分別是「上面」、「下面」之意，因兩地分別位在奇美河階的上層及下層而得名（內政部，2015）（圖3-14、照片3-10）。

▲ 照片 **3-9** 桃園市復興區溪口台部落（**Rahaw ╱ Takan**）一帶（面向東南方、往上游拍攝）
　　照片中可見的另一地名「霞雲坪（Hbun）」與河川匯流相關（參見第五章）。

▲ 照片 **3-10** 花蓮縣瑞穗鄉奇美部落 **Lingpawan** 與 **Lanar**（面向西方、往下游拍攝）

◀ 圖 **3-14** 花蓮縣瑞穗鄉奇美部落
　　（**kiwit**）地形立體圖

爲何崁頂、崁腳一樣高？頂上腳下的地名趣事

在河階或台地區，常出現以「頂」、「上」與「腳」、「下」等字，形容聚落所在位置[16]（陳國章，1990）。這主要取決於聚落與鄰近河階面或河階崖的相對位置，而不是聚落所在的絕對高度。如果在河階或台地區有兩個相鄰的聚落以「頂」、「腳」或「上」、「下」命名，則前者的位置通常比後者高。例如，苗栗縣大湖鄉富興村「上坪」與「下坪」聚落，皆位於汶水溪與後龍溪交會處的河階，前者所在階面的地勢較高，後者的地勢較低，所以分別以「上」、「下」命名（內政部，2018）（圖3-15）。

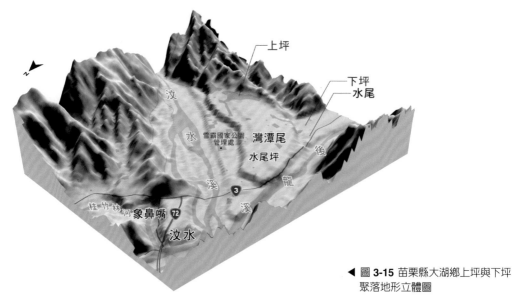

▶ 圖 **3-15** 苗栗縣大湖鄉上坪與下坪聚落地形立體圖

不過，如果聚落附近有不只一處階崖，可能會選擇相對最醒目的地形特徵爲命名的參考。例如，南投縣名間鄉崁腳村的「崁腳」聚落與炭寮村的「崁頂」聚落，都位在八卦台地上，而且相隔不遠、高度相近（圖3-8、圖3-16、圖3-17），但是爲什麼卻分別以「頂」、「腳」爲名呢？

從地形上來看，「崁頂」與「崁腳」的西南方皆有落差約15公尺的崖，「崁腳」因位於此崖下方而得名（圖3-17—A-A'）。「崁頂」除了位於此崖之下（圖3-17—B-B'），但同時也位於八卦台地邊緣，看來是因爲陡峭的台地崖落差約高達160公尺（圖3-17—C-C'），在地景中更爲醒目，因而聚落以此命名爲「崁頂」（圖3-8、圖3-16、圖3-17）。

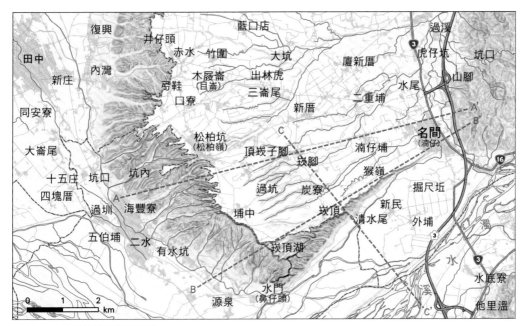

▲ 圖 **3-16** 八卦台地南部地形圖
　本區有三處聚落以「崁」字為名，包含崁頂、崁腳與頂崁子腳。

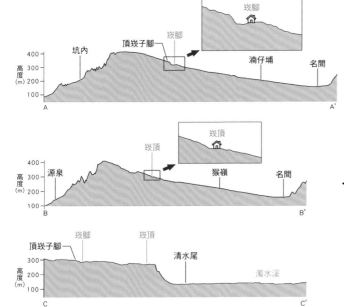

◀ 圖 **3-17** 崁腳與崁頂聚落地形剖面圖
圖 3-16 中的三條紅色虛線為顯示地
勢高低起伏的地形剖面線。其中，
A-A'剖面和 B-B'剖面分別顯示，
崁腳聚落和崁頂聚落西南方的崖，
落差約 15 公尺；C-C'剖面顯示崁
腳與崁頂聚落高度相似，海拔高度
約 285 公尺，而且崁頂聚落東南方
的陡崖約 160 公尺高。

河階、台地相關聚落地名的分布

　　臺灣河階、台地地形非常發達，只要有河階、台地的地方，幾乎都可見到相關的地名。檢索內政部《臺灣地區地名資料》，可以篩選出487個與河階、台地相關的聚落地名條目[17]。其中，直接指稱河階或台地地形的地名分別有110個「坪／平」與12個「層」（圖3-18）；此外，也有71個使用「崁／坎」與44個使用「崎」為名的聚落，指稱醒目的河階崖或台地崖（圖3-19）；其他可見於河階、台地地區，但並非專指河階或台地的聚落地名用字，包含「紅／赤」、「埔」、「山」、「坑」、「窩」、「溝」、「崙」、「湖」、「埤／陂／坡」、「水」、「井」、「堀／窟」、「泉」、「頂」、「上」、「腳」、「下」（表3-1）。

▼ 表 3-1 河階、台地相關聚落地名數量統計表

類型	地名用字（聚落數量）
直接指稱河階、台地	坪／平（110）、層（12）
間接指稱河階、台地	崁／坎（71）、崎（44）
附屬於河階、台地環境	頂（72）、埔（60）、坑（52）、腳（48）、山（44）、下（35）、水（17）、湖（14）、崙（13）、窩（10）、紅／赤（9）、上（9）、陂／埤／坡（8）、井（5）、堀／窟（5）、溝（4）、泉（3）

註：本表各類地名用字的聚落數量計算方式，請參見本章末註釋18。

　　這些河階與台地地名多分布在臺灣各大河川中游（尤其是大漢溪、大甲溪以及烏溪中游的河階群）以及林口、桃園、后里、大肚、八卦、恆春台地等地（圖3-18、圖3-19）。河階常有多個階層，如階梯般級級上升，以數字由下而上計算聚落所在階面或階崖來命名的例子，不算罕見，例如「二層仔」、「三層」等，更多案例可參見第十一章的介紹。台地面積較廣，聚落常以更局部的地形特徵命名：在埤塘眾多的桃園台地上，常見「陂／埤／坡」或「湖」的地名，例如「長坡（長陂）」；在風力強勁的林口台地上，選擇於台地面低凹處興築的聚落則可能將地名冠上「湖」，例如「湖仔」。臺灣有不少以河階、台地形態命名聚落的案例，下次若途經河階或台地，可以觀察當地的聚落地名，或許會發現類似「金交椅」，或是「左腳坪」與「右腳坪」等有趣的地名呢！

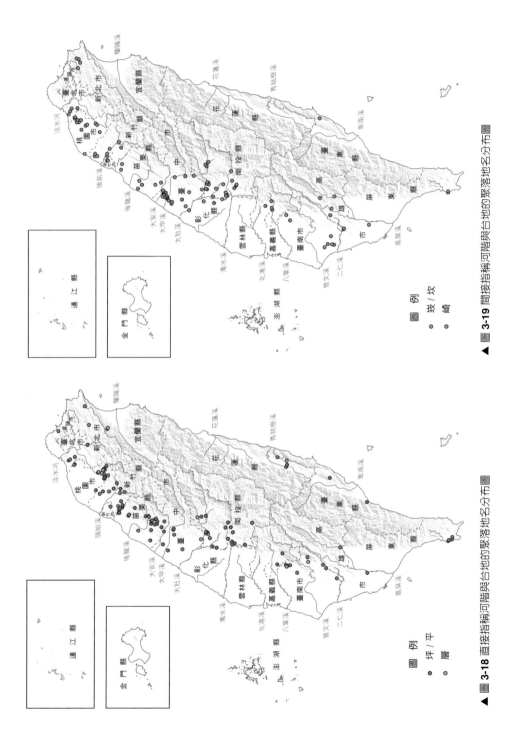

▲ 圖 3-19 間接指稱河階與台地的聚落地名分布圖

圖 例

墈／坎

崎

▲ 圖 3-18 直接指稱河階與台地的聚落地名分布圖

圖 例

坪／平

層

1 河階又可依組成物質、年代與比高，分爲「低位河階（FT 面）（fluvial terrace）」和「高位河階（LT 面）（lateritic terrace）」，低位河階無紅土層（laterite）、形成年代較晚、比高較低；高位河階則反之（楊貴三、沈淑敏，2010）。

2 臺灣位於歐亞板塊與菲律賓海板塊的交界帶以及季風氣候區，板塊碰撞頻繁導致地盤上升，加上降雨充沛、地勢陡峭、地質脆弱等因素，地形作用快速而強烈，留下了許多地面形。低位河階、高位河階與紅土緩起伏面因形成年代較晚，較未受侵蝕而消失（張瑞津等人，2000）。

3 台地面除了由低位河階、高位河階構成之外，頂部可能會有比高較高位河階高的「紅土緩起伏面（LH 面）（lateritic highland）」，例如林口台地的最高面。紅土緩起伏面由紅土礫石層組成，上部爲紅土層，下部爲礫石層。另外，少數台地爲火山噴發堆積形成的火成台地（楊貴三、沈淑敏，2010）。

4 河流地形中以河道爲中心，由內而外的洪患潛勢越來越低：河流兩岸至河蝕崖或河堤間的堤外氾濫平原最易受洪水影響，河蝕崖或河堤與河階崖間的堤內氾濫平原次之，而在堤內氾濫平原之上的河階與台地一般而言不易受當代尋常洪水侵襲（沈淑敏等人，2019）。

5 此指高位河階。

6 「坑」、「窩」、「溝」、「壢／瀝」字地名較多出現於丘陵地區。

7 「目」與「木」的閩南語白讀音相同，皆讀做「bàk」，故聚落又名「目崙仔」（內政部，2018；教育部，2011）。

8 若台地頂部覆蓋透水性較差的紅土層，加上地下水位深度較深，可能導致取水不易，水資源較爲缺乏（楊萬全，1993）。

9 桃園台地原爲古大漢溪的沖積扇，但因臺北盆地持續陷落加上末次冰期使侵蝕基準降低，在約三萬或二千五百萬年前古三峽溪向源侵蝕襲奪古大漢溪，令大漢溪自石門谷口流向由向西轉北。河川襲奪後，大漢溪下切形成大溪河階群，河道因此低於桃園台地，台地上的先民便無法利用重力引大漢溪的溪水灌溉，加上台地上古大漢溪的分流南崁溪、社子溪等因襲奪變爲失去水源的斷頭河，流路短且洪枯懸殊，使桃園台地從此面臨缺水危機。爲了留住賴以維生的水以供灌溉，桃園台地上的先民紛紛開鑿埤塘蓄水，建立人工地面水庫。桃園台地的表土是透水性差的紅土層，有利於構築埤塘儲水，而紅土層下爲易透水的礫石層，因此埤塘深度多在 3 公尺以內，避免挖到礫石層而漏水（紅土層的厚度約小於 5 公尺）（楊貴三、葉志杰，2020）。

10 在石門大圳、桃園大圳等引水工程興建完工之後，這些埤塘蓄水的功能逐漸弱化而消失（楊貴三、葉志杰，2020）。

11 「湖」除了指盆狀地形之外，也指湖泊（許淑娟，2010）。

12 灌溉用的池塘，按其語意及發音寫成「埤」或「陂」，在臺灣閩南語中唸成 /pi/（陰平調），臺灣客家語中唸成 /pi/（陰平調）；而「坡」在臺灣閩南語中唸成 /poo/（陰平調），臺灣客家話中唸成 /po/（陰平調）。然而，在清代乾隆到光緒年間，桃園與新竹先民留下的一些古書契，卻也有使用「坡」來稱呼灌溉用的池塘，如：公坡、坡塘、坡仔等，意思同於「陂」、「埤」，如乾隆 40 年（1775）一份契書寫土名「番子坡」（今新竹縣竹北市泰和里番仔坡）。這些書契中的文字書法均相當端正，且數量不少，不可能是筆誤造成的。其次，目前臺灣北部也有「坡」字地名，如坡雅頭（新北市泰山區）、大坡（桃園市中壢區）、蕃子坡腳（桃園市觀音區）、崩坡下（桃園市楊梅區）、坡頭（桃園市新豐區）、雙蓮坡（新竹縣湖口區）等，數量相當多。這些「坡」在地人都讀從「陂、埤」的 /pi/，而非從山坡地的 /pho/（閩南語）或 /pho/（客家語）。韋煙灶在研究桃竹地區世居漢人家族的祖籍時，發現一些本應寫「陂」的祖籍地名，被寫成「坡」，如嘉應州興寧

縣坭坡墟（今坭陂鎮坭陂）、惠州府陸豐縣坡溝（今陸豐市陂洋鎮陂溝村）、潮州府大埔縣高坡卑林大坑（今大埔縣高陂鎮林大坑）等；〈臺灣堡圖〉上也可找到不少從讀音可辨識指「陂」，卻寫「坡」的地名。可見上述的「坡」作「陂」解，不是書寫上的錯誤，而是約定俗成的結果，且在幾百年前就有，並非晚近的產物（國立臺灣師範大學地理學系韋煙灶個人通訊，2021 年 5 月 3 日）。

13 交椅是椅子的一種形式，最大特徵是前後椅腳交叉，隨著時代演進，在交椅上半部的圈椅特徵之外，增加了靠背和扶手。在古代，坐交椅曾是身分、地位的象徵，才有「坐第一把交椅」的說法。

14 扇階指因河流下切侵蝕，原沖積扇面相對抬升而形成的階狀地。

15 「rahaw」指往旁邊水平生長的樹枝（官大偉，2013）；或指架在水平生長樹枝上的陷阱（瑪格，2015）；也藉以指地形上延伸的平緩地（官大偉，2016）。

16 「頂」、「腳」、「上」、「下」除了用來形容聚落的相對地勢高低外，也可能形容聚落的相對平面位置。例如，臺灣地名中冠有「頂」和「下」二字，且二者並列於附近者，其涵意有二：其一，「頂」含有相對地勢較高，「下」含有相對地勢較低之意；其二，冠有「頂」、「下」但無地勢高低起伏含意的地名中，「頂」具有北方，「下」具有南方的意思（陳國章，1990）。

17 本章首先以「河階」、「台地」相關的數個關鍵字，自《臺灣地區地名資料》聚落類地名的「地名意義」、「地名沿革與文獻歷史簡述」、「地名相關事項訪談內容」等項，篩選出提及「河階」、「台地」、「臺地」、「階面」、「階崖」的地名條目（流程參見第十二章），再逐條閱讀，最後確認與河階、台地地形相關的聚落地名 487 個，列於附錄（參見如何使用本書）。

18 本表統計數字，只有計算聚落地名中包含與河階、台地地形或河階、台地所在環境相關的地名用字者，即從聚落名無法直接看出與河階、台地地形或所在環境相關者，僅列於附錄（參見如何使用本書）。

第四章

曲流與相關地名

▲ 圖 4-1 雲林縣斗六市牛挑灣（朱丹灣）聚落（**1921**）

曲流（meander）是指河流流路彎曲的地形。在臺灣的眾多聚落中，地名命名與曲流地形最直接相關的是「牛挑」與「轉溝水」，例如，位於雲林縣斗六市鎮北里的「牛挑灣（朱丹灣／鎮北）」聚落（圖4-1），以及位於新竹縣峨眉鄉湖光村的「轉溝水（下坪）」聚落。

曲流的成因與分布

河道有直流、曲流、網流等形態，其中，曲流是指河流流路顯著彎曲的河段，可能出現在平原或山區。當河道坡度平緩或流水遇硬岩阻擋，使側蝕作用增強，便有利於形成曲流。曲流兩側水流流速不均，以致於形成凹岸／基蝕坡／攻擊坡（undercut slope）與凸岸／滑走坡（slip-off slope）：凹岸側流速較急，以侵蝕作用為主，常形成深潭或陡峭的河蝕崖；反之，凸岸側流速較緩，以堆積作用為主，泥沙常於此堆積成平坦的沙洲或河埔地（石再添等人，2008）。

臺灣的河川多有曲流河段，分布於山區、丘陵與平原，例如，新店溪、濁水溪與曾文溪中上游（照片4-1）、秀姑巒溪下游穿越海岸山脈的河段、二仁溪丘陵區河段，以及北港溪、朴子溪、急水溪下游等（圖4-2）。還有許多河流支流的曲流地形也相當發達，僅舉幾例，如荖濃溪支流濁口溪、中港溪支流峨眉溪、急水溪支流龜重溪等。

◀ 照片 **4-1** 濁水溪上游曲流土虱灣
濁水溪在南投縣信義鄉地利村的曲流河段，幾乎迴轉 **180** 度。布農族人稱此地為「**Zeikudaing**」，意指「大彎」；而漢人則稱此地為「土虱灣」，因河流環繞的小丘，外形如土虱而得名（交通部觀光局日月潭國家風景區管理處，**2019**）。

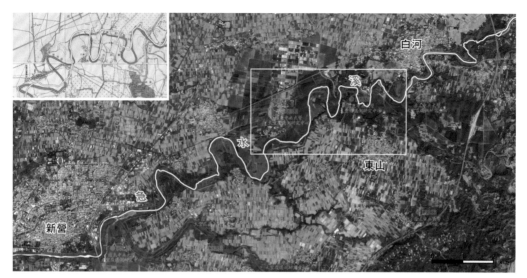

▲ **圖 4-2** 急水溪在白河與新營之間的曲流河道
主圖為 2020 年 SPOT 衛星影像，左上插圖為 1921 年臺灣地形圖，淺藍色者為現代河道位置，深藍色者為 1921 年河道位置。二十世紀初期至今，急水溪在白河至新營之間的曲流都相當發達。

直接指稱曲流的地名

　　「牛挑」指形似牛軛的水體，可用以直接指稱猶如牛軛般的曲流（韋煙灶，2020），以《臺灣地區地名資料》收錄的地名為例（內政部，2018）：

- 雲林縣斗六市鎮北里「牛挑灣（朱丹灣／鎮北）」聚落：當地居民稱此地為「牛挑灣」，應是聚落東側溝渠形成的曲流狀似牛軛，故得此名（圖 4-1）。

- 嘉義縣朴子市松華里「牛挑灣（牛桃灣）」聚落：因聚落附近有龜仔港曲流的舊河道，形似牛軛，故得此稱[1]（圖 4-3）。

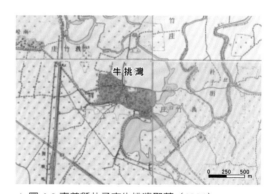

▲ **圖 4-3** 嘉義縣朴子市牛挑灣聚落（**1921**）

「轉溝水」是獨特的客式地名，客語中的「轉溝」又稱「轉鉤」，意指轉彎，而「轉溝水」即為河水轉向而流之意，直接指稱曲流地形（韋煙灶，2020）。以《臺灣地區地名資料》收錄的地名為例（內政部，2018）：

- 新竹縣峨眉鄉湖光村「轉溝水（下坪）」聚落：因聚落位於峨眉溪曲流大迴轉處而得名（圖4-4）。
- 苗栗縣公館鄉開礦村「轉溝水」聚落：此地為後龍溪的凸岸，因後龍溪於此轉彎折向西流，故得其名。

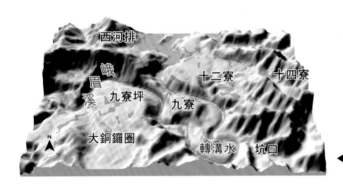

◀ 圖 4-4 新竹縣峨眉鄉轉溝水聚落一帶地形立體圖

間接指稱曲流的地名

「重溪」除了指當地河流的數量之外，也可用以指稱聚落位於第幾個曲流附近（韋煙灶，2020）。例如，南投縣中寮鄉義和村「二重溪（新厝）」聚落，因位居平林溪的第二個曲流沿岸，故得此稱（內政部，2018）。

彎彎曲曲的樣子是曲流地形最明顯的特徵，為形容曲流彎曲的形貌，先民可能會使用「灣／彎」[2]、「曲」、「挖」或「月眉」來命名聚落（韋煙灶，2020；許淑娟，2010）。以《臺灣地區地名資料》收錄的地名為例（內政部，2018）：

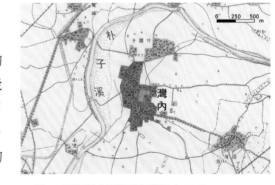

▲ 圖 4-5 嘉義縣六腳鄉灣內聚落（1921）

- 嘉義縣六腳鄉灣南村「灣內」聚落：由於聚落位於朴子溪曲流的凸岸處，故得其名（圖4-5）。

- 雲林縣北港鎮後溝里「頂灣子內（頂灣仔內）」與嘉義縣新港鄉板頭村「下灣子內（下灣仔內）」聚落：兩聚落因位於北港溪曲流的彎曲處而得名（圖4-6）。

- 雲林縣古坑鄉草嶺村「曲坑仔」聚落：因清水溪小支流在附近形成半圓形的曲流，故得此名。

- 臺南市新營區姑爺里「挖仔」聚落：因過去有急水溪曲流流經聚落附近而得名。

- 南投縣草屯鎮碧峰里「月眉厝」聚落：此地位於貓羅溪下游曲流的凸岸，因地形猶如一彎新月而得名（圖4-7）。

值得一提的是，詩情畫意的聚落地名「月眉」在臺灣並不少見，除了與河道、河階的彎曲形狀有關之外，有時候也指形似弦月與眉的湖泊、水潭，例如嘉義縣新港鄉月眉村「月眉潭」聚落、彰化縣和美鎮月眉里「月眉」聚落（內政部，2018）（圖4-8、圖4-9）。

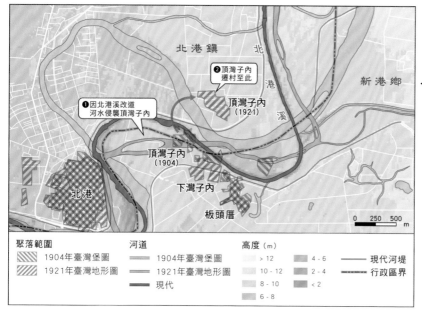

◀ 圖 4-6 北港溪河道變遷與頂灣子內聚落遷移
北港溪此段河道在二十世紀初期為一個彎曲程度極大的曲流，當時頂灣子內與下灣子內聚落皆位於河道的南岸（左岸）；之後，由於北港溪改道，受到洪水侵襲的頂灣子內聚落遷至河道北岸（右岸）定居。

◀ 圖 4-7 南投縣草屯鎮月眉厝聚落（1904）

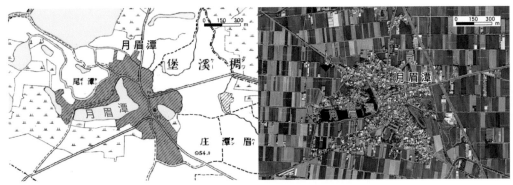

▲ 圖 4-8 嘉義縣新港鄉月眉潭聚落 1904 年（左）與現今狀況（右）的比較
因月眉潭聚落西側有一個呈彎月狀的水潭，故得此名（內政部，2018）。

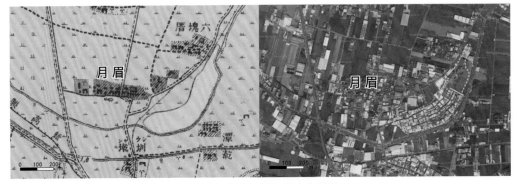

▲ 圖 4-9 彰化縣和美鎮月眉聚落 1921 年（左）與現今狀況（右）的比較
月眉聚落的地名起源於昔日當地一個名為月眉潭的水潭（內政部，2018）；如今月眉潭已被填平，改為建地。
現今建築物的分布形態（右圖），仍有昔日月眉潭的形狀（左圖）。

　　基隆河沿岸有五堵、六堵、七堵、八堵的地名，近年來有學者提出這些「堵」字並非指早年漢人移民爲了防禦原住民族所建立的土牆，而是與曲流有關（圖4-10）。基隆河中游曲流發達且河畔多有小山丘，昔日先民航行至曲流轉彎處附近，有如看到一堵牆阻隔河道，而使用「堵」字命名聚落[3]（翁佳音、曹銘宗，2016）。類似的地名還有如臺北市士林區葫蘆里「葫蘆堵」聚落，地名中「堵」字由來的一種說法是因過去聚落位於基隆河曲流彎曲處而得名（內政部，2015）。

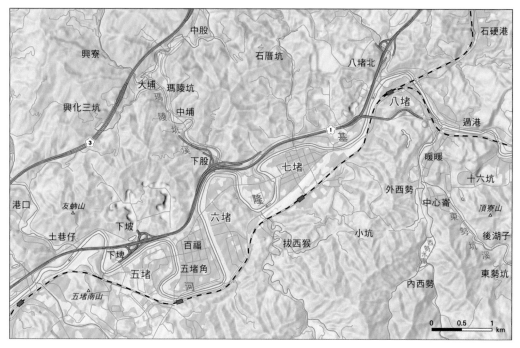

▲ 圖 4-10 基隆河中游沿岸「堵」字聚落地名分布圖
　　今日基隆河自下游往上游分別有五堵、六堵、七堵、八堵聚落，其「堵」字可能指曲流轉彎處。

與曲流相關的附屬地名

　　見到曲流彎曲的特徵，富有想像力的先民也可能會以動物或人體器官意象命名鄰近曲流的聚落，相當有趣。《臺灣地區地名資料》中，便有收錄以鵝頸、舌頭爲名的聚落（內政部，2018）：

形如其名 地名與地形的對話

- 嘉義縣新港鄉大潭村「鵝頸（鵝脖子）」聚落：早期因此地曲流彎曲有如鵝的脖子，故得名鵝頸（圖4-11）。日治時期嘉南大圳修築時，截斷河水源頭，而留下今日所見形似鵝脖子的湖泊。
- 新北市坪林區漁光里「大舌湖」聚落：地名起源於北勢溪曲流在此轉彎約180度，其圍繞的山腳形狀有如舌頭，故而得名（圖4-12）。

▲ 圖4-11 嘉義縣新港鄉鵝頸聚落（1921）　▲ 圖4-12 新北市坪林區大舌湖聚落一帶地形立體圖

　　在查詢與曲流相關的聚落地名中，也發現包含指較深水域的「潭」、指大片平坦荒地的「埔」、指陡崖的「崁／坎」，以及指低窪聚水處的「堀／窟」等地名條目（許淑娟，2010）。這些地名雖然沒有直接指稱曲流彎曲的形態，但與曲流凹岸常出現深潭、陡崖地形，以及凸岸常堆積成的平緩河埔地有關。以《臺灣地區地名資料》收錄的地名為例（內政部，2018）：

- 彰化縣大城鄉潭墘村「頂潭墘」與「下潭墘」聚落：「墘」多指水邊（韋煙灶，2020），由於聚落建於濁水溪曲流的北側，位處凹岸深水處的岸上，因此有潭墘之名（圖4-13）。
- 宜蘭縣五結鄉孝威村「深堀頭」聚落：此地位於冬山河下游曲流的凹岸，為水最深的地方，聚落因而得名。
- 嘉義縣朴子市崁前里「崁前」聚落：昔日曲流發達的龜仔港河道流經聚落南側，因聚落位於曲流凹岸受河流側蝕而形成的陡崖上方，故得此名。

- 臺南市玉井區三埔里「三埔」聚落：地名中的「三」是先民自下游往上游屯墾建
庄的順序，而「埔」則指聚落位於後堀溪曲流凸岸的寬廣河埔地上（圖4-14）。

▲ 圖 4-13 彰化縣大城鄉頂潭墘與下潭墘聚落（**1904**）　　▲ 圖 4-14 臺南市玉井區三埔聚落（**1904**）

與曲流相關的原住民族地名

原住民族地名中也有形容曲流彎曲
形態的案例，例如：

- 花蓮縣卓溪鄉卓清村「清水
（Saiku）」部落：「Saiku」在
布農族語中意指「河川彎曲的
地方」，因部落位於清水溪曲
流旁而得名（原住民族委員會，
2015）（圖4-15）。

▲ 圖 4-15 花蓮縣卓溪鄉清水部落（**Saiku**）地形立體圖

- 新竹縣五峰鄉桃山村「黑崗（Heku'）」部落：「Heku'」在泰雅族語中意指「手
肘」，由於此地位於上坪溪曲流的凸岸，彎曲的河流形似人的手肘，因此而得名
（原住民族委員會，2015）。

分分合合——曲流離堆丘與癒著丘

曲流河道如果彎曲程度持續加大，最終河水可能切斷曲流最狹窄的頸部，改走短而直的新河道。因為曲流切斷作用而被新舊河道圍繞的孤立小丘，稱為離堆丘（umlaufberg）或曲流丘（meander core），這種地形在臺灣的山區或平原河道都頗為常見。例如，新北市雙溪區泰平里「田螺山」聚落，因為北勢溪上游的灣潭溪發生曲流切斷，形成一個高出河道約 15 公尺的離堆丘，形狀有如田螺，故得名田螺山（內政部，2018；楊貴三、葉志杰，2020）（圖 4-16）。

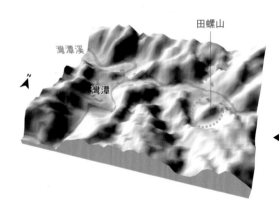

◀ **圖 4-16** 新北市雙溪區田螺山聚落一帶地形立體圖
圖中藍色實線為今日河道，藍色虛線為已乾涸的舊河道。灣潭溪發生曲流頸切斷後，田螺山成為離堆丘（海拔高度約 428 公尺），而現今部分田螺山聚落則坐落於舊河道上。

因曲流切斷所形成的離堆丘中央突起，又常呈圓形或橢圓形，形似烏龜甲殼，而常被命名為「龜山」[4]，鄰近的聚落也可能以此為名。例如，新竹縣峨眉鄉中盛村「龜山下」聚落，因位於峨眉溪畔一處名為龜山的離堆丘之下而得名（內政部，2015；楊貴三、沈淑敏，2010）（照片 4-2）；又如，新北市新店區龜山里「龜山」聚落，得名於聚落旁有一處位於南勢溪畔、名為龜山的離堆丘。

不過，南勢溪這座「龜山」的地形演育歷程特別有趣（照片 4-3），值得介紹。根據現存地形判斷，這裡的河道似乎曾經歷過曲流切斷，使龜山一度成為離堆丘（海拔高度約 180 公尺）（圖 4-17—A、B），但之後南勢溪又流回原來的曲流流路，使龜山再度與陸地相連，變成癒著丘[5]（圖 4-17—C）。河流上游地區坡度大多陡峭，有限的平緩地特別寶貴，龜山聚落所在的平地（海拔高度約 68 至 70 公尺），可是南勢溪流經的舊流路喔（楊貴三、沈淑敏，2010）！

▲ 照片 **4-2** 新竹縣峨眉鄉龜山下聚落一帶（面向東北方、往上游拍攝）

　　峨眉溪發生曲流切斷後，龜山變為離堆丘，位於其山腳下的聚落稱為龜山下。原先環繞龜山的舊河道已乾涸，現今作為農地使用。而龜山本身頂部平坦（海拔高度約 108 公尺），可與鄰近河階面對比，應該是前一期的河階面殘餘。

▲ 照片 **4-3** 新北市新店區龜山聚落一帶（面向西北方、往下游拍攝）

　　南勢溪在上龜山橋以下，曾經走直線流經龜山聚落一帶，現今河道則環繞龜山而行。附近另一地名「雙溪口（vun na di）」與河川匯流地景相關（參見第五章）。

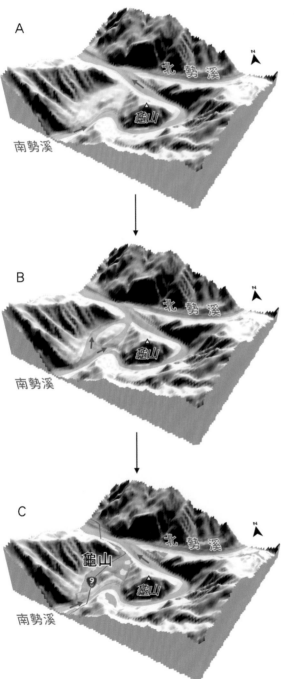

◀ 圖 **4-17** 南勢溪龜山一帶河道地形演育圖
（箭頭指示流向）

A：南勢溪河道原環繞龜山小丘而流，當
時的小丘與西側山壁相連，位於該山
脊的末端。

B：南勢溪切斷曲流頸，改走短而直的新
河道（藍色），龜山被新、舊河道（淡
藍色）圍繞，成為孤立的離堆丘。

C：南勢溪又改流回原來環繞龜山的舊河
道，而且更為深切，龜山再度與左岸
相連，這種地形稱為癒著丘。

曲流相關聚落地名的分布

檢索內政部《臺灣地區地名資料》，可以篩選出 55 個與曲流相關的聚落地名條目[6]。其中，直接指稱曲流地形的地名有 2 個使用「牛挑」、1 個使用「轉溝水」，其他可見於曲流地區，但不是專指曲流的地名用字，包含「灣／彎」、「重溪」、「曲」、「挖」、「月眉」、「潭」、「埔」、「崁／坎」、「堀／窟」等（表 4-1、圖 4-18）。

▼ 表 4-1 曲流相關聚落地名數量統計表

類型	地名用字（聚落數量）
直接指稱曲流	牛挑（2）、轉溝水（1）
間接指稱曲流	灣／彎（15）、重溪（3）、曲（2）、挖（2）、月眉（2）
附屬於曲流環境	潭（11）、埔（5）、崁／坎（2）、堀／窟（1）

註：本表各類地名用字的聚落數量計算方式，請參見本章末註釋 7。

在臺灣，不論是山區、丘陵或平原，曲流發達的河段便有機會發現相關的聚落地名（圖 4-18）。雖然山區河流發生曲流切斷所需的地形演育時間，遠遠長於平原河流所需的時間，不過一旦發生，就會持續存在地景之中。

曲流彎曲的形貌相當醒目，臺灣有數個以人體、動物或器物意象命名鄰近曲流之地的案例，例如牛挑、鵝頸、舌頭、手肘，不僅饒富趣味，也體現先民觀察環境的能力與想像力。此外，雖然有些曲流已經改道或乾涸，不復見於地景之中，但仍可藉由留存下來的聚落地名，探索當地河道變遷的故事。

▲ 圖 4-18 直接與間接指稱曲流的聚落地名分布圖

1 「牛挑灣」聚落地名由來的另一種說法爲：「當地民間傳說此地曾有綁著牛隻的桃樹，因此而得名牛桃灣，後因筆誤而改寫成牛挑灣。」不過，此說法仍待考據（內政部，2018；雷家驥等人，2009）。

2 「灣／彎」除了可以指稱曲流彎曲形貌之外，也可以指稱眞實海灣、三面爲高地環繞的平坦地或山麓線凹入處（許淑娟，2010）。

3 閩南語中的「堵（tóo）」即指「牆」（教育部，2011）。

4 「龜山」是臺灣相當常見的地名，只要小山丘形態如龜甲者，就常得此名，一般侵蝕殘餘的小山頭、沙丘都很常見。

5 曾經發生曲流頸切斷的河流，再次流回被切斷的曲流流路，使孤立的離堆丘有如頸部癒合般再次與陸地相連，便稱爲癒著丘（楊貴三、沈淑敏，2010）。

6 本章首先以「曲流」相關的關鍵字，自《臺灣地區地名資料》聚落類地名的「地名意義」、「地名沿革與文獻歷史簡述」、「地名相關事項訪談內容」，篩選出提及「曲流」的地名條目（流程參見第十二章），再逐條閱讀，最後確認有 55 個與曲流地形相關的聚落地名，列於附錄（參見如何使用本書）。

7 本表統計數字，只有計算聚落地名中包含與曲流地形或曲流所在環境相關的地名用字者，即從聚落名無法直接看出與曲流地形或所在環境相關者，僅列於附錄（參見如何使用本書）。

第五章

河川匯流與相關地名

　　河川匯流（confluence of rivers）是指兩條或多條河流的會合處。在臺灣的眾多聚落中，地名命名與河川匯流最直接相關的是「雙溪」、「洽」、「叉／杈／汊」、「合流」等，例如，位於新北市雙溪區雙溪里的「雙溪（頂雙溪／頂雙溪街）」聚落（照片 5-1）。

▲ 照片 **5-1** 新北市雙溪區雙溪聚落（面向北方、往上游拍攝）
雙溪聚落在雙溪本流（平林溪、柑腳溪）與牡丹溪匯聚之處發展而成，聚落也因此而得名，兩溪流會合點即在雙溪聚落核心三忠廟的南側。

河川匯流的成因與分布

　　一條河流通常是由大大小小很多河流組成，受重力作用影響，河水往低處流，至某處與其他河流會合，該地即為匯流處（confluence）。一般而言，河川匯流處為鄰近地區地勢最低的地方，如果周圍平坦地面積夠廣，常成為早期聚落發展的地點。

　　河流的匯流處廣泛分布於山區、丘陵與平原地區，上游地區河道眾多，匯流點較多；相對的，下游地區河道數量較少，匯流點通常也較少[1]。例如，臺中市區內柳川與旱溪的匯流處（照片 5-2），以及花東縱谷平原上鹿寮溪與卑南溪的匯流處（照片 7-2）。

直接指稱河川匯流的地名

　　地名為「雙溪」的聚落，因位於兩條溪流的匯流之處而得名，以《臺灣地區地名資料》收錄的地名為例（內政部，2018）：

臺中市區　頭前厝　柳川　　　　　大里區
光德國中
旱溪
復光橋

▲ 照片 **5-2** 柳川與旱溪的匯流處（面向東北方、往上游拍攝）
柳川於臺中市烏日區頭前厝聚落一帶匯流入旱溪河道，也可見到河道兩岸都已經修築河堤或護岸，以防止河流侵蝕或洪水溢淹。

- 新北市雙溪區雙溪里「雙溪（頂雙溪／頂雙溪街）」聚落：因牡丹溪與平林溪於此處匯流而得名（照片 5-1）。

- 嘉義縣竹崎鄉緻編村「雙溪仔」聚落：位於牛稠溪上游兩條支流的匯合處而得名。

相對於「雙溪」是形容兩條河流來此匯聚，「洽」與「叉／杈／汊」反而是指河流分流處（韋煙灶，2020），形容河流在此一分為二，而以此為名的聚落幾乎都分布於桃園市、新竹縣、苗栗縣一帶的客家族群居住地。例如：

- 桃園市龍潭區三和里「頭洽」、「貳洽」及「三洽水（三洽／三和／三水）」聚落：這三個聚落分別位於三條小溪匯入霄裡溪之處，依序指稱由上游至下游的第一、第二及第三個匯流點（內政部，2018）（圖 5-1）。

- 苗栗縣公館鄉仁安村「洽汊河（甲叉河／洽娃河）」聚落：因有兩條後龍溪的支流匯流於此而得名（內政部，2018）。

- 苗栗縣三義鄉廣盛村「三義」聚落：三義聚落舊名為「三汊河／三叉河」，由於西湖溪主流與其支流水尾溪匯流於此，呈現三條水路，故得此名。日治時期地名被簡化為「三叉」，後至光復初年，因當時的三義鄉鄉長認為「叉」字不雅，加

　　上「叉」形似「義」的簡體字「义」，故報請政府核准將鄉名改為「三義鄉」，
聚落名也改為「三義」而沿用至今（內政部，2015）（圖5-2）。

　　以「合流」為名的聚落也與河川匯流有關，例如，花蓮縣秀林鄉富世村「合流」聚落，
因位於立霧溪與荖西溪匯流之地而得名（內政部，2018）。

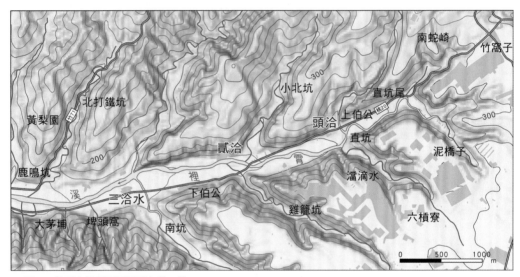

▲ 圖 5-1 桃園市龍潭區霄裡溪上游一帶
　　頭洽、貳洽、三洽水聚落分別位於三條小溪匯入霄裡溪處，由上游往下游第一、第二、第三個匯流點而得名。

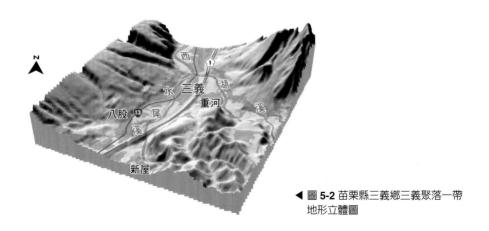

◀ 圖 5-2 苗栗縣三義鄉三義聚落一帶
　　地形立體圖

與河川匯流相關的附屬地名

　　兩河交匯中間的地域多呈三角形，在臺灣可見到以此特徵爲聚落命名的案例，如新北市三峽區三峽里的「三峽」聚落。「三峽」舊名「三角湧」，「湧」在閩南語中爲「水起浪」之意，此地因位於三峽溪匯流入大漢溪的三角形平原上，河水匯集而翻騰激盪，故得此名（伊能嘉矩，1909/2021）。後於日治時期改名爲「三峽」，沿用至今（許淑娟，2010）（圖5-3）。

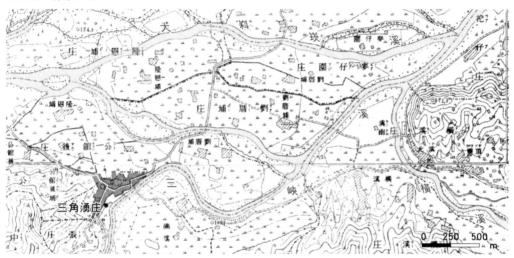

▲ 圖5-3 新北市三峽區三角湧聚落一帶（**1904**）
三峽舊名三角湧，三峽溪於三角湧聚落一帶匯流入大嵙崁溪[2]。

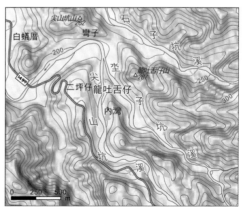

▲ 圖5-4 雲林縣古坑鄉龍吐舌仔聚落一帶地形圖

　　此外，筆者群從《臺灣地區地名資料》中還發現有兩個夾處於河川匯流處的聚落，分別被想像力豐富的先民賦予龍舌、牛犁之名，相當特別（內政部，2018）：

- 雲林縣古坑鄉荷苞村「龍吐舌仔」聚落：此地爲尖山坑溪與垚子坑溪的匯流處，因兩河匯流的夾角很小，以致於兩河中間的山丘呈現細長前伸的形態，形似龍舌吐出，故得名龍吐舌仔（圖5-4）。

- 新北市三峽區嘉添里「犁舌尾」聚落：聚落位於三峽溪主流及其支流的匯流處，地名由來有二種相似的說法：其一，因地形如牛犁的犁舌尾端而得名；其二，因地形如牛犁的犁尖而命名。

與河川匯流相關的原住民族地名

在過去，交通網絡較不發達時，河流交會處可說是表達位置的重要地標，不少原住民族也以此命名。例如：

- 桃園市復興區羅浮里「合流（Hbun-sinqumi）」部落：地名中的「hbun」在泰雅族語中意指河川匯流處，因部落位於霞雲溪匯流入大漢溪處而得名（內政部，2018）（圖5-5）。

- 新北市新店區龜山里「雙溪口（vun na di）」：此地位於南勢溪與北勢溪的匯流處，漢人稱為雙溪口；泰雅族則稱呼此地為「vun na di」，有「兩溪合流處，砂聚在一起」之意（內政部，2018；雞籠文史協進會，2010）（照片4-3）。

- 花蓮縣富里鄉豐南村「Valiau」：阿美族稱兩溪匯流處為「Va-Liau」，因此地為鱉溪主流與其支流臭水溝溪的匯流處而得名（內政部，2018）。

哈盆？下文？霞雲？都是我的「合流」—— hbun ！

泰雅族人稱呼河流匯聚之處為「hbun」，常以此為地名，但當這些地名以中文呈現時，卻常音譯為不同的中文用字。例如，新北市烏來區福山里「哈盆（Hbun）」，因位在南勢溪與哈盆溪的匯流處而得名（圖5-6）；又如，新竹縣尖石鄉玉峰村「下文光（Hbun gong）」，地名意指小溪匯流處（內政部，2018）。沿著大漢溪還有更多以hbun為名的部落，除了桃園市復興區羅浮里的「合流（Hbun-sinqumi）」部落，還有：

- 桃園市復興區澤仁里「霞雲坪」部落，族語名為 Hbun[3]。

- 桃園市復興區霞雲里「優霞雲」部落，族語名為 Yuwhbun raka[4]（圖5-5、圖5-7）。

還有一些部落地名中包含hbun，但在中文地名中並沒有呈現hbun的音譯。例如，新竹縣尖石鄉秀巒村「控溪」部落，族語名為Hbun-tunan；又如，新竹縣尖石鄉新樂村「煤

源」部落，族語名爲 Hbun-Qramay（原住民族委員會，2015）。由此可知，原住民族的
地名翻譯爲中文時，會因爲採用音譯或冠以其他名稱，而很難「望文生義」，更無助於
理解最初地名命名的含意。期望各族群的地名資料庫可以很快建立起來，以保存臺灣這
些無形的文化資產。

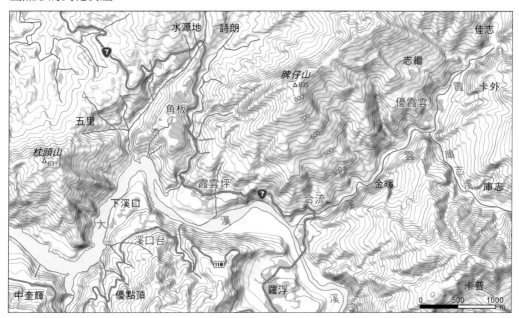

▲ 圖 5-5 桃園市復興區霞雲坪部落（**Hbun**）、合流部落（**Hbun-sinqumi**）與優霞雲部落（**Yuwhbun raka**）一帶
本區沿大漢溪至少有三處以 hbun 爲地名者；「角板」與「溪口台」則與河階地形相關（參見第三章）。

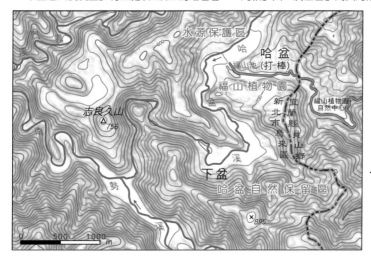

◀ 圖 5-6 新北市烏來區哈盆
（**Hbun**）一帶
哈盆（Hbun）地名確切指涉
範圍不明，居民似已遷離該地
而無房舍，本圖地名標示位置
依照大多數地圖的標示慣例。

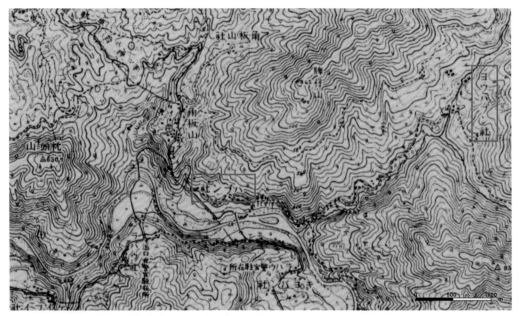

▲ 圖 5-7 桃園市復興區霞雲坪部落（**Hbun**）、合流部落（**Hbun-sinqumi**）與優霞雲部落（**Yuwhbun raka**）一帶（**1924**）
本圖的部落位置與地名可與圖 5-5 相互對照：「ハプン社」的日文地名即音譯自現今「霞雲坪」部落的族語名 Hbun，「ヨウハプン社」的日文地名則音譯自現今「優霞雲」部落族語名 Yuwhbun raka 中的 Yuwhbun。

河川匯流相關聚落地名的分布

　　檢索內政部《臺灣地區地名資料》，可以篩選出 34 個與河川匯流相關的聚落地名條目[5]。其中，有 12 個地名使用「雙溪」、7 個使用「洽」、3 個使用「叉／杈／汊」及 1 個使用「合流」，直接指稱河川匯流地景（表 5-1、圖 5-8）。

▼ 表 5-1 河川匯流相關聚落地名數量統計表

類型	地名用字（聚落數量）
直接指稱河川匯流	雙溪（12）、洽（7）、叉／杈／汊（3）、合流（1）

註：本表各類地名用字的聚落數量計算方式，請參見本章末註釋 6。

　　雖然在臺灣各地皆可見到河川匯流的地景，但相關的聚落地名較多分布於山地及丘陵地區。這可能是因爲在未建立堤防固定束縮河道前，平原地區的河道流路易在洪水之後發生擺移或形成分流，河川匯流處容易變動或消失；相較之下，山地或丘陵地區河川匯流的位置明確，因此較容易成爲聚落命名的依據（圖5-8）。

　　值得一提的是，「洽」與「叉／杈／汊」地名多分布於桃園市、新竹縣、苗栗縣一帶的丘陵區（圖5-8），爲客家族群的主要居住地，很可能是客家人指稱河川匯流地景的獨特命名方式呢！

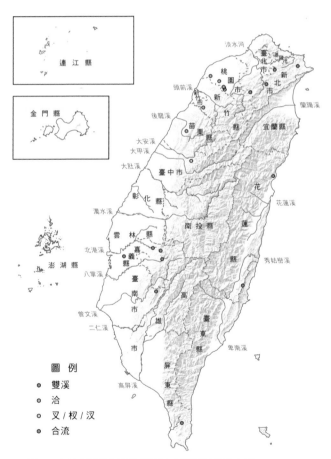

▲ 圖 5-8 直接與間接指稱河川匯流的聚落地名分布圖

1 河流可分爲主流與支流：主流（main stream）指於下游處流入海洋或大湖的河川，支流（tributary）指匯入另一條河川而不直接流入海洋的河流；主流有多條支流匯入，通常河道較寬、流量也較大。

2 大料崁溪今名大漢溪，此河段已北遷。

3 霞雲坪部落（Hbun）因大漢溪支流「Hbun-Teli」於此匯入主流而得名（內政部，2018）。

4 優霞雲部落（Yuwhbun raka）位於霞雲溪與庫志溪的交匯處，其族語名意指兩溪匯流處的平坦地；另外，族語名的另一種說法爲「兩溪交匯在峽谷之意」（原住民族委員會，2015）。

5 本章首先以「河川匯流」相關的數個關鍵字，自《臺灣地區地名資料》聚落類地名的「地名意義」、「地名沿革與文獻歷史簡述」、「地名相關事項訪談內容」等項，篩選出提及「匯流」或「會流」的地名條目（流程參見第十二章），再逐條閱讀，最後確認與河川匯流地形相關的聚落地名 34 個，列於附錄（參見如何使用本書）。

6 本表統計數字，只有計算聚落地名中包含與河川匯流地景或河川匯流所在環境相關的地名用字者，即從聚落名無法直接看出與河川匯流地景或所在環境相關者，僅列於附錄（參見如何使用本書）。

第六章

濕地與相關地名

▶ 圖 6-1 新北市蘆洲區水湳聚落（1921）

　　濕地（wetland）是在陸地與水域交界、地勢低窪、排水不良之處常見的地景。在臺灣的眾多聚落中，地名命名與濕地地景最直接相關的是「湳／濫／坔／畓」與「漯／納／凹」，例如，位於新北市蘆洲區水湳里的「水湳」聚落（圖 6-1）。

濕地的成因與分布

　　陸地與水域間經常或間歇性被海水潮汐或洪水影響，流水受阻無法順利排出，長期處於積水狀態時，便會形成濕地。濕地可以分為「沿海」（照片 6-1）與「內陸」濕地，包含淡水及鹽水沼澤、草澤、林澤、河口、水塘、低窪積水區和潮汐灘地等類型（社團法人台灣濕地保護聯盟，無日期）。沿海濕地主要位於河口與海洋交界帶；內陸濕地則位於低窪地勢與河水匯流的平原，以及容易產生泉水的高地與平地交界地區。不過，隨著排水技術的提升和都市擴張的影響，許多天然濕地已經消失，只能憑藉地名找出相關線索。

▲ 照片 6-1 彰化縣芳苑鄉王功沿海一帶蚵棚
臺灣西南沿海一帶的濕地，地形上為潮埔（或稱泥灘），常作為養蚵產業使用。

直接指稱濕地的地名

濕地長年積水、土壤濕潤，形成獨特的景觀，鄰近聚落可能會以「湳／濫／坔／畓」[1]直接指稱濕地。以《臺灣地區地名資料》收錄的地名為例（內政部，2018）：

- 新北市蘆洲區水湳里「水湳」聚落：此地為一處靠近淡水河南岸、位於沙洲與沼澤區的聚落，故得此名（圖6-1）。

- 彰化縣彰化市南美里「湳尾」聚落：此地位於兩條小河的交會處，地勢低窪，排水不良，形成土壤濕軟之地，故得此名。現今地名「南美里」是由原本「湳尾」的諧音雅化而成（圖6-2）。

- 新竹市北區湳雅里「湳雅」聚落：地名由「湳仔」雅化而成，為頭前溪南岸的後背濕地[2]，因地表經常泥濘而得名（圖6-3）。

- 屏東縣萬丹鄉四維村「濫庄」聚落：此地多沼澤爛泥，刺竹蔽天，水草叢生，人畜行走其間易陷入泥濘中而得名。

- 高雄市鳥松區槺榔里「坔埔」聚落：此地四周環山，中間低窪，且土質鬆軟泥濘，先民耕作時，一不小心腳就會陷入土中而得名。

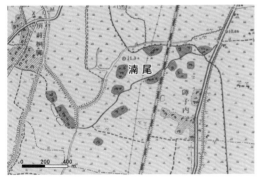

▲ 圖 6-2 彰化縣彰化市湳尾聚落（**1921**）

▲ 圖 6-3 新竹市北區湳雅聚落（**1921**）

「漯／納／凹」有「腳踩後會陷下去」的意思[3]，在臺灣，也有聚落使用「漯／納／凹」以直接指稱長期積水、土地鬆軟的濕地。例如：

- 桃園市觀音區草漯里「草漯」聚落：因昔日多為低窪積水、長滿野草的沼澤地，故得其名（內政部，2018）。

- 新竹市香山區美山里「草漯仔（草納）」聚落：此地位於濱海沙丘的後背濕地，因茂生雜草，人畜經過易塌陷，故得此名（內政部，2018）。

- 高雄市鼓山區龍子里「凹子底（漯仔底）」聚落：因地勢低窪、腳踩土地易塌陷，故得此名（內政部，2018；韋煙灶，2020）。

間接指稱濕地的地名

除了上述直接指稱濕地的地名用字，有些以「湖」、「潭」、「堀／窟」[4]為名的聚落命名緣由，也和濕地有關。以《臺灣地區地名資料》收錄的地名為例（內政部，2018）：

- 彰化縣伸港鄉泉厝村「草湖」聚落：因從前是茅草茂生的沼澤地帶而得名（圖6-4）。

- 新竹市北區客雅里「灣潭」聚落：原位於客雅溪向北彎曲的曲流河道上，不過河川在切斷曲流頸後便改道而流，舊河道因地勢低下而形成一片濕地，故得此名。

- 彰化縣福興鄉秀厝村「洪堀寮」聚落：為昔日鹿港溪、麥嶼厝溪間的新生地，因到處有潟湖沼澤而命名。

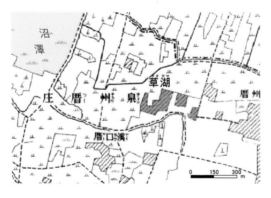

◀ **圖 6-4** 彰化縣伸港鄉草湖聚落（**1904**）

與濕地相關的附屬地名

有些與濕地相關的聚落地名，是以該環境中常見的動植物，或是適合濕地特性所種植、養殖的生物命名。以《臺灣地區地名資料》收錄的地名為例（內政部，2018）：

- 新竹市香山區南隘里「柳仔湳」聚落：命名緣由與往昔濕地中長有不少水柳有關。

- 南投縣埔里鎮史港里「水蛙堀」聚落：還未開墾前附近池塘、沼澤遍布，水蛙（青蛙）眾多，故得此名（圖 6-5）。

- 嘉義縣民雄鄉文隆村「鴨母埒」聚落：因為有許多支流溝渠順地勢流入本區，土質濕軟，環境適合飼養鴨子而命名（圖 6-6）。

▲ 圖 6-5 南投縣埔里鎮水蛙堀聚落（**1904**）　　▲ 圖 6-6 嘉義縣民雄鄉鴨母埒聚落（**1904**）

找找看，都市中是否藏著濕地的秘密？

　　隨著人口漸增，土地需求增加，濕地常經歷一連串的土地利用變化，尤其在都會地區更是顯著。例如，你能想像屋舍密集、街道整齊的新北市五股區興珍里「新塭」[5]與新莊區中隆里「舊塭」[6]聚落一帶（圖 6-7），曾經是大片濕地，甚至還曾積水成湖嗎？

　　此區位處臺北盆地西緣，也是淡水河系地下水的末端，淺層地下水位較高（較接近地面）。這裡原來是地勢低窪的濕地，可供捕魚、養魚之用，後來逐漸被開闢為水田（圖 6-7）。這些低濕之地所闢成的水田，也稱為塭田[7]，而「舊塭」相對於「新塭」，是指較早開闢的塭田。

　　1970 年代之後，大臺北地區快速發展，因為用水需求大增，竟發生超抽地下水的狀況。本區因黏質土壤較厚，受到上游鄰近地區嚴重超抽地下水影響，地層下陷最為嚴重，當時部分地區甚至低於海拔高度 0 公尺。隨著淹水範圍擴大，新塭聚落變成了「湖中之島」（圖 6-8），這片水域甚至還曾經被稱為「臺北西湖」[8]！在政府進行地下水管制和實施大臺北防洪政策之下，經由填土和排水，本區的淹水問題才得以大幅改善，現在大部分

作為五股工業區（今新北產業園區）的用地（圖6-9），包含安置因二重疏洪道工程而拆遷的工廠[9,10]。

　　昔日的濕地，受到人為活動的影響，曾經是大片水田、常年淹水濕地，現在又成為工業和住宅用地，舊塭、新塭（有時寫作新溫）地名也逐漸消失。細心的讀者，一定能體會當地「塭仔底濕地公園」的命名，和過往地景變遷的關聯吧！

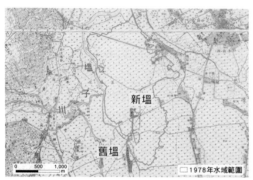

▲ **圖 6-7** 新北市五股區新塭與新莊區舊塭聚落（**1921**）
本區位於臺北盆地西緣的沖積平原上，淡水河的支流塭子川曾流經附近。

▲ **圖 6-8** 新塭、舊塭一帶航照影像（**1978**）
本影像呈現新塭、舊塭聚落一帶經常因淹水而棄耕的範圍。

▲ **圖 6-9** 新塭、舊塭一帶現今土地利用狀況與 **1970** 年代淹水範圍

濕地相關聚落地名的分布

檢索內政部《臺灣地區地名資料》，可以搜尋出 117 個與濕地相關的聚落地名條目[11]。其中，直接指稱濕地地景的地名有 41 個使用「湳／濫／坔／沊」、3 個使用「潔／納／凹」，其他可見於濕地地區，但不是專指濕地的地名用字包含「湖」、「潭」、「堀／窟」等（表 6-1）。

▼ 表 **6-1** 濕地相關聚落地名數量統計表

類型	地名用字（聚落數量）
直接指稱濕地	湳／濫／坔／沊（41）、潔／納／凹（3）
間接指稱濕地	湖（22）、潭（9）、堀／窟（8）

註：本表各類地名用字的聚落數量計算方式，請參見本章末註釋 12。

圖例
- ● 湳／濫／坔／沊
- ● 潔／納／凹
- ● 湖
- ● 潭
- ● 堀／窟

▲ 圖 **6-10** 直接與間接指稱濕地的聚落地名分布圖

與濕地相關的地名散見於臺灣各處（圖 6-10），但主要出現在地勢較低的地方，如鄰近河道的後背濕地和沖積平原中較低窪之處。鄰近都市地區的濕地地景，很容易被填土而改做其他類型的土地利用，若發現可能與濕地相關的地名時，不妨仔細觀察周遭環境樣貌，找找過去環境的蛛絲馬跡！

1 「湳／濫／坔／畓」唸作 /lam²¹/，指積水的沼澤或鬆軟的泥地（韋煙灶，2020；許淑娟，2010）。

2 相對於自然堤（natural levee）地勢較高，其後方由於地勢較低，水流受阻，容易積水形成溼地，稱為後背溼地（backswamp）。

3 「納」為「溧」的諧音別字，「凹」為「溧」的會意別字。「溧／納」唸作 /lap³²/，「凹」作「腳踩後陷下去之意」時亦念為 /lap³²/。不過，「凹」念為 /au/ 時指山間盆地（韋煙灶，2020；許淑娟，2010）。

4 「湖」除了直接指涉湖泊之外，也會用來稱山間的盆地或是統稱高地環繞的低凹地；「堀／窟」則表示低窪積水之地（許淑娟，2010）。

5 新塭確切的地理位置在興珍、更寮兩村之一部分，位於臺北盆地西北側。此地位處淡水河與塭子川間，地勢低窪，昔多沼澤，為捕魚、養魚之所（內政部，2018）。

6 舊塭地名中的「塭」並非指一般的魚塭，而是位在感潮低溼地被闢成的水田，也稱塭田（內政部，2018）。

7 塭田並無嚴謹定義。《蘆洲市志》中指出，塭田指「稻田淡水養殖漁業」，多於「窟水通流溉足」、「自食塭墾泉水長流灌溉」之處（中華綜合發展研究院應用史學研究所，2009）；另提到：「作為塭田之稻田，除地理環境條件外，另需於稻田四周挖掘魚溝，以便稻田插秧、施肥、收割之時，魚類有暫時棲身之所。」（中華綜合發展研究院應用史學研究所，2009，頁 292）。

8 石再添等人（1982）稱之為「塭子川沼澤區」。由於此處在臺北盆地形成時，為林口台地東南側新莊斷層下的斷層角窪地，地質上曾數度為湖區，又居當時新店溪沖積地形面末端，堆積層厚，顆粒較細，地勢低窪，再加上位於臺北盆地地下水的末端，故雖然此處非地下水超抽區域，卻因為上游萬華、三重、新莊等地超抽，使得地下水急遽下降，厚細黏土層壓密，造成地層快速下陷。（筆者按：以近期的研究來看，本區為林口台地東南側山腳斷層的上盤；山腳斷層為正斷層。）

9 《聯合報》曾有相關報導：「五股工業區位於五股鄉東南方，東瀕二重疏洪道左岸堤防，北與高速公路為界，南鄰新莊都市計劃界線，西以塭子川為界。工業區的開發用地，本為二期水稻田，近十五年來因地盤嚴重沉陷，致使約一百十公頃的土地的標高有於低海平面一公尺，終年浸水，無法耕種；其餘廿公頃左右之土地標高於海平面，但每逢降雨，即遭淹沒，成為一沼澤，土地未能高度有效利用。台北縣政府乃選擇緊臨高速公路的一百卅一公頃土地，編定為工業用地，開發成工業區。」（決定開闢二重疏洪道 各種因素審慎考慮過，1982）。

10 《川閱淡水河》一書中提到：「淡水河沿岸蘆洲、三重地區，早年常飽受水災之苦，為了徹底消弭災害，大臺北地區防洪計畫，沿淡水河及其支流兩岸興建堤防，但因臺北橋臨口沿岸已高度發展，拆遷不易，無法拓寬。因此開闢二重疏洪道，利用大漢溪與新店溪合流處的天然溢洪地區，設疏洪道入口，疏分洪流到關渡一帶，再匯入淡水河下游，不僅可提高疏洪效果，更可以減輕淡水河在臺北橋河段流量的負荷。」可見二重疏洪道除了疏洪外，疏洪道路發揮了紓解市區交通的問題，場域內綠地與休閒設施，亦是民眾休閒的好去處（陳健豐等人，2013，頁 22-29）。

11 本章首先以「濕地」相關的數個關鍵字，自《臺灣地區地名資料》聚落類地名的「地名意義」、「地名沿革與文獻歷史簡述」、「地名相關事項訪談內容」等項，篩選出提及「濕地」的地名條目（流程參見第十二章），再逐條閱讀，最後確認與濕地地景相關的聚落地名 117 個，列於附錄（參見如何使用本書）。

12 本表統計數字，只有計算聚落地名中包含與濕地地景或濕地所在環境相關的地名用字者，即從聚落名無法直接看出與濕地地景或所在環境相關者，僅列於附錄（參見如何使用本書）。

第七章

湧泉與相關地名

　　湧泉（spring）是指自然流出至地表的地下水。在臺灣的眾多聚落中，地名命名與湧泉最直接相關的是「泉」，例如，位於屏東縣恆春鎮水泉里的「頂水泉（上水泉）」與「下水泉」聚落（圖7-1）。

◀ 圖 7-1 屏東縣恆春鎮頂水泉與下水泉聚落（**1924**）

湧泉的成因與分布

　　當地下水面與地面相交，則地下水會自然流出地表，而形成湧泉（圖3-9）。一般而言，地下水面的起伏變化不像地表面那麼顯著，有利於地下水流出地表的環境，包括「坡度急遽轉變的下坡處（遷緩點）」、「兩個透水性差異大的地層交界面」與「下游水流受岩盤阻擋使地下水位抬高」等地（楊萬全，1993）。

　　在臺灣，有利於形成湧泉的地點包含崖腳[1]、斷層[2]、火山山麓[3]以及沖積扇扇端[4]等地形。例如，大肚台地西坡山麓為大甲斷層通過之處，沿線就有多處湧泉的產生；大屯火山群山麓地區有明顯的湧泉帶（楊萬全，1993），可見當地居民引用湧泉灌溉或作為生活用水使用的景象；新武呂溪沖積扇扇端的大坡池即為湧泉形成的湖泊（內政部營建署城鄉發展分署，2017），附近為大坡部落與池上聚落選址之處（照片7-1）。

▲ 照片 **7-1** 臺東縣池上鄉大坡池一帶（面向西北方拍攝）

直接指稱湧泉的地名

最直接指稱湧泉的地名用字是「泉」，例如，新北市淡水區坪頂里「三空泉（三孔泉）」聚落，因位於大屯火山群的西南山麓，出現三處天然湧泉的泉口而得名（內政部，2018；吳素蓮，1994）。而沿著恆春台地的東側

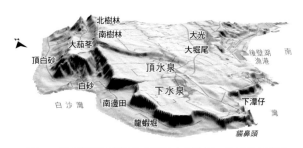

▲ 圖 7-2 屏東縣恆春鎮頂水泉與下水泉聚落一帶地形立體圖

山麓，更可以找到數個以「泉」為名的聚落，例如，屏東縣恆春鎮水泉里「頂水泉（上水泉）」與「下水泉」聚落，以及龍水里「龍泉（龍泉水／龍宣水／靈山水／龍水）」聚落，皆因位於台地崖的崖腳，自古即有泉水自然湧出而得名（內政部，2018）（圖 7-1、圖 7-2、圖 3-3）。

間接指稱湧泉的地名

指水體的「水」、指水井的「井」，以及指池塘的「堀／窟」與「埤／陂／坡」（內政部，2018；韋煙灶，2020；許淑娟，2010），是常見於湧泉環境的地名用字。例如：

- 宜蘭縣冬山鄉廣安村「水井仔」聚落：此地為羅東溪沖積扇扇端的湧泉帶，因隨地一掘即有泉水，整個聚落就像一口大水井，故稱為水井仔[5]（內政部，2018）（圖 7-3）。

- 臺中市龍井區龍泉里「龍目井」聚落：此地位於大肚台地西坡山麓，為大甲斷層通過之處。因聚落內有一水量豐沛、可供居民灌溉的湧泉，且此湧泉旁有兩顆大石，形似龍的雙眼，故得名「龍目井」[6]，後於日治時期改稱為「龍井」（臺中市龍井區公所，2020）。

- 新北市三芝區福德里「大水堀（大水窟）」聚落：此處為大屯火山群西坡山麓，有水量豐沛的天然泉水，故得此名（內政部，2018）。

- 臺中市清水區清水里「清水」聚落：此處為大甲斷層通過的大肚台地西坡山麓，

因聚落內「埤仔口」有一處清澈的湧泉，而於日治時期將舊名牛罵頭改稱爲清水（臺中市清水區公所，2021）。

● 臺東縣池上鄉福源村「池上」聚落：日治初期此地名爲「大坡庄」，後於1920年更名爲「池上」，因聚落位於新武呂溪沖積扇扇端，附近有一個由湧泉所形成的湖泊「大坡池（大陂池）」而得名（許淑娟，2010）（圖7-4、照片7-1）。

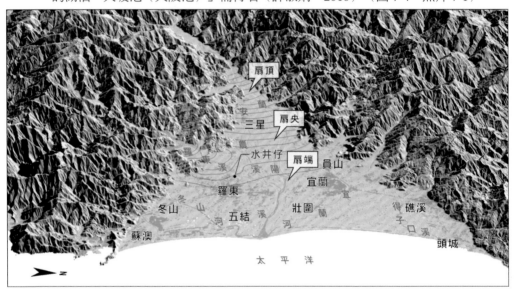

▲ 圖 7-3 蘭陽平原地形立體圖
地下水流至近沖積扇扇端處常流出地表成爲泉水，形成湧泉帶。水源豐沛、灌溉便利的湧泉帶常成爲聚落的選址之處，例如圖中位於羅東溪沖積扇扇端的水井仔聚落[7]。

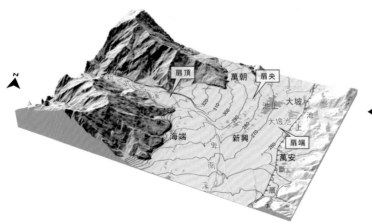

◀ 圖 7-4 新武呂溪沖積扇地形立體圖
圖中可見池上聚落、大坡部落（Kawaliwali）位於新武呂溪沖積扇的扇端，鄰近的大坡池即為扇端湧泉於池上斷層下盤陷落的窪地積水所形成的湖泊。

與湧泉相關的附屬地名

一聚落的湧泉若水量很大，可能會以此特徵爲名，例如，宜蘭縣冬山鄉大興村「淼淼」聚落，地名中的「淼」字是形容水流廣大的樣子（教育部，2000），即是因爲當地的地下水面高而使泉水自然湧出之故（內政部，2018）。湧泉若水量豐沛又穩定，足以灌溉水稻這類需水量較大的農作物，這樣的農地常會被視爲「好」的田地，甚至因此而被引爲地名。例如：

- 臺東縣鹿野鄉瑞隆村「新良」聚落：因聚落位在鹿寮溪沖積扇扇端而有湧泉，水源充沛，是「新墾的好地方」，故得名「新良」（內政部，2018）（照片7-2）。

- 臺東縣綠島鄉公館村「狀元地」：綠島因平地狹小、土壤貧瘠、海風強盛、灌溉水源少等因素，島上多以旱作爲主；但位於阿眉山東麓的台地上，由於湧泉出露，水源豐沛，使其成爲島上主要出產稻米的糧倉之一，因此有「狀元地」的稱號（內政部，2018；楊漢聲，2019）。

▲ 照片 **7-2** 鹿寮溪沖積扇（面向東北方、往上游拍攝）
鹿寮溪於新良聚落一帶匯流入卑南溪河道，該聚落位於其沖積扇的扇端湧泉帶。另一地名「二層坪」則與構造作用相關（參見第三章）。

若湧泉水量甚多，則可能使土地泥濘遍布，有些先民便會以此地景，使用指稱濕地的「湳／濫／圳／畓」或「漯／納／凹」來命名聚落。例如：

- 苗栗縣通霄鎮福源里「大濫（大爛）」聚落：由於聚落附近有三、四十口湧泉，出水量大者猶如水龍頭，又當地土壤多排水不良的黏土，人站立於土地之上時易陷入土中，故得名大濫。

- 南投縣草屯鎮北勢里「北勢湳」聚落：隘寮斷層通過此聚落，形成一道南北向的斷層崖；因崖下有泉水湧出，加上地勢低窪，雨後土地常變得泥濘難行，故得名「湳」字（內政部，2015）（參見第十一章）。

引泉水灌溉農地，經常需要水利設施。「梘／筧」指木製或竹製的高架灌溉渠道（韋煙灶，2020），若聚落附近建有這類型的水利設施，供居民引水灌溉田地，那麼聚落就可能會使用「梘／筧」字來命名。例如，新北市淡水區水源里「水梘頭」聚落，因位於大屯火山群西麓，有天然湧泉可供農民使用竹管引流灌溉而得名（內政部，2015）（照片7-3）。

▲ 照片 **7-3** 新北市淡水區水梘頭聚落水源橋下的天然湧泉

湧泉也可以作為居民洗滌衣衫的水源，在臺灣有以「洗衫」為聚落命名的案例，例如，新竹縣北埔鄉埔尾村「洗衫坑（觀音壢）」聚落，因有一處水源為湧泉的水井，當地婦女於此洗滌衣衫，故得此名（內政部，2018）。

湧泉除了可供飲用、灌溉或洗衣之用，若經規劃也可以成為親水遊憩空間，甚至可能成為聚落命名的由來。臺東縣臺東市建國里「普魯」聚落的地下水面高，不斷有泉水湧出，自日治時期便開闢為天然的游泳池，營運至今[8]。日語的「游泳池（プール）」為pool的外來語，而以音近的「普魯」[9]作為聚落地名（內政部，2018）。

與湧泉相關的原住民族地名

除了漢人之外，原住民族也有使用指湧泉地景的語彙作為地名的案例。以鄒族為例，嘉義縣阿里山鄉樂野村「nsoana」以及豐山村「nsoana（湖底）」，意指泉水帶有鹹味的湧泉地，是動物喜歡聚集喝水的地方；里佳村「cumuyana」意指很多水的地方，因過去此處有很多山泉湧出而得名（內政部，2018）。

此外，臺東縣池上鄉大坡村「大坡（Kawaliwali）」部落原名為「Panao（Vanao）」，

在阿美族語中意指「水池」，因部落位於新武呂溪沖積扇扇端湧泉所形成的「大坡池」旁而得名（伊能嘉矩，1909/2021）。今日大坡部落族語名為 Kawaliwali，意為「在東邊」，即因部落位於大坡池東方而命名（原住民族委員會，2015）（照片 7-1）。

只泡不飲的泉水——溫泉地名大蒐羅！

湧泉分布廣泛，多數做為附近聚落的民生或灌溉用水，但有些泉水溫度較高、礦物質較多，被稱為溫泉（hot spring）[10]。當一處溫泉因富含礦物質而被認為具有一定療效時，常形成觀光溫泉區，吸引大批遊客前去「泡湯」。臺灣溫泉的分布廣泛，以溫泉為名的聚落也不少，例如，宜蘭縣礁溪鄉德陽村「湯圍（湯子城）」聚落名中的「湯」，就是指溫泉（內政部，2018）（圖 7-5）。

值得一提的是，當溫泉溫度明顯較低時，也可能變成命名的依據。例如，位於臺北市士林區菁山里的「冷水坑」聚落，有一說是因為此地溫泉平均僅約攝氏 40 度，遠低於周遭平均約攝氏 60 度的火山硫磺溫泉，而得「冷水」之名[11]（中國地質學會，2005；陽明山國家公園管理處，2016）。

原住民族的古今地名中，也有不少與溫泉相關的案例。例如，宜蘭縣礁溪鄉德陽村「奇立丹（Serrimien／大社）」聚落原是噶瑪蘭族的部落名，據說意指有溫泉的地方，漢人入墾後仍沿用此名為聚落命名（內政部，2018）（圖 7-5）；臺北市士林區舊佳里「八芝蘭（Pachiran／Pattsiran）」聚落則

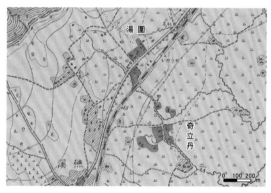
▲ 圖 7-5 宜蘭縣礁溪鄉德陽村湯圍與奇立丹聚落（**1921**）

是源自於原居於此的凱達格蘭族所命名的地名「Pachiran（Pattsiran）」，意指溫泉（內政部，2015）[12]；位於花蓮縣玉里鎮樂合里的阿美族「安通（Angcoh）」部落，則是因為附近溫泉散發的硫磺味與尿騷味相似而得名[13]，後來漢人音譯地名為「紅座」，日治時期又改稱「安通」，沿用至今（內政部，2018；原住民族委員會，2015）。

　　另一個常被提起的例子則是泰雅族語的「ulay」，新北市烏來區烏來里「烏來」部落[14]（照片7-4）、新竹縣五峰鄉桃山村「清泉」部落的族語名都是Ulay，有人認為「ulay」就是指溫泉，但也有人認為是類似「小心！」的警語[15]。其實，不論是原住民族的部落或漢人的聚落，地名起源的說法常不只一種，需要繼續探究喔！

▲ 照片 7-4 烏來部落（Ulay）與桶後溪畔的溫泉
照片中南勢溪支流桶後溪的溪畔溫泉冒著輕煙，似乎仍可憑藉此景，遙想昔日泰雅族獵人於此高呼「Kiluh-ulay！」的畫面。烏來部落的地名由來有一說是「Kiluh」指熱、燙，「ulay」則是警語，意近「小心！」，而非直指溫泉。

湧泉相關聚落地名的分布

　　檢索內政部《臺灣地區地名資料》，可以篩選出61個與湧泉相關的聚落地名條目[16]。其中，直接指稱湧泉地景的「泉」共13個，其他可見於湧泉地區，但不是專指湧泉的地名用字，包含「水」、「井」、「堀／窟」、「埤／陂／坡」（表7-1、圖7-6）。

▼ 表 **7-1** 湧泉相關聚落地名數量統計表

類型	地名用字（聚落數量）
直接指稱湧泉	泉（13）
間接指稱湧泉	水（24）、井（16）、堀／窟（4）、埤／陂／坡（4）

註：本表各類地名用字的聚落數量計算方式，請參見本章末註釋17。

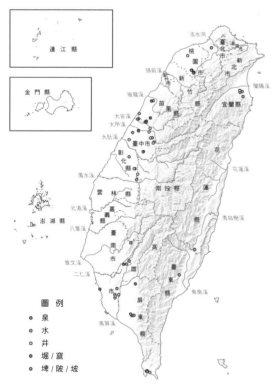

▲ 圖 **7-6** 直接與間接指稱湧泉的聚落地名分布圖

這些與湧泉相關的聚落地名多分布於崖腳或沖積扇扇端，例如大肚台地與八卦台地的西坡山麓、恆春台地的東坡山麓，以及羅東溪沖積扇扇端（圖7-6）。對於先民而言，湧泉不只是特殊的地景，更是重要的生活與灌溉用水來源，可以從「水梘頭」、「新良」、「狀元地」或「洗衫坑」等地名得到佐證。

溫度高的湧泉也常成為聚落或部落命名的依據，許多地名看似與溫泉無關，但細細探究地名緣由之後，便可以發現這些地名與溫泉的連結。所以，在認識地名時，千萬不要只根據一些常見的地名用字就「望文生義」，還要進一步追問聚落的命名緣由、探查所在的地理環境，才能掌握地名真正的意涵喔！

1 河階崖、台地崖等崖腳位於下坡處及地形坡度明顯轉變的遷緩點，有利於地下水面與地面相切而形成湧泉。

2 若斷層錯動造成不透水地層的阻擋，迫使地下水沿透水性佳的斷層破碎帶上湧至地表，便有利於形成湧泉（石再添等人，2008）。

3 火山山麓是含水地層與不透水地層的交界，且也位於遷緩點，有利於地下水面與地面相切而形成湧泉（楊萬全，1993）。

4 沖積扇（alluvial fan）是河流出谷口處的扇形堆積體，河流出谷口後，因流幅加寬、流路分散，導致河流搬運力急減，有利於形成以谷口為頂點，向低處堆積的沖積扇地形。沖積扇自頂點至底緣分別為扇頂、扇央與扇端。近扇頂的堆積物顆粒較粗且孔隙較大，透水性佳，使地表水容易入滲形成地下水；地下水流至近扇端處則常流出地表成為泉水，形成湧泉帶（spring belt）（石再添等人，2008）。

5 「水井仔」聚落的地名解釋為：「由於地處蘭陽溪沖積扇扇頂所在，因此湧泉發達……」（內政部，2018），其中「蘭陽溪沖積扇扇頂」一句應為筆誤，故筆者於文中更正為「羅東溪沖積扇扇端」。

6 清代周璽總纂《彰化縣志》對於「龍目井」聚落一帶的湧泉有以下之記載：「清水之埤仔口，沙鹿之番婆井及番公井，龍井之龍目井，皆屬湧泉。龍目井泉湧起數尺，如噴玉花，山下田數百畝，皆資此泉灌溉，色清味甘，里人多汲焉。旁有兩石，狀若龍目，故名。」（內政部，2018）。

7 蘭陽平原主體由蘭陽溪沖積扇所構成，另外還包含頭城沖積扇、得子口溪沖積扇、大礁溪與小礁溪之聯合沖積扇、五十溪沖積扇、羅東溪沖積扇、冬山河沖積扇、新城溪沖積扇等規模較小的沖積扇，除了頭城沖積扇的扇端海拔高度約 5 公尺外，其餘各扇的扇端位置約與 10 公尺等高線處相符（楊貴三、沈淑敏，2010）。本圖僅標示出蘭陽溪沖積扇的扇頂、扇央、扇端位置。

8 今名「臺東市湧泉運動公園」。

9 日語之「游泳池」為「スイミングプール」；而日語之「池」為「プール」，音近「普魯」。

10 地下自然湧出或人為抽取之泉溫為攝氏 30 度以上，且泉質符合《溫泉標準》（2008）中的規定者，為中華民國法律上所定義的溫泉。

11 「冷水坑」地名的另一種說法：「因坑谷內水溫清涼，有別附近的溫泉而得名。」（內政部，2015）。

12 漢人移入後，將 Pachiran 音譯為「八芝蘭」、「八芝蘭林」等地名，後改稱為「士林」（內政部，2015；伊能嘉矩，1909/2021）。

13 「Angcoh（Ancuhy）」在阿美族語中意指尿騷味（原住民族委員會，2015）。

14 過去一群泰雅族獵人狩獵至現今烏來一帶，見到南勢溪岸邊的溪水冒著輕煙，伸手去試探，發覺水溫很熱，於是高呼「Kiluh-ulay！」。「Kiluh」指熱、燙，「ulay」據說是警語，意近「小心！」。泰雅族人之後便以「ulay」稱呼此地，漢人則將「ulay」直接解讀為溫泉（內政部，2015；原住民族委員會，2015）。

15 許家華與劉芝芳（2010）指出，「ulay」據說是含有小心之意的「警語」，而「ulay」是「溫泉」之意的說法仍待商榷，因為泰雅族人不會說洗溫泉為「洗 ulay」，而且「ulay」地名所在處並不一定都有溫泉。

16 本章首先以「湧泉」相關的關鍵字，自《臺灣地區地名資料》聚類類地名的「地名意義」、「地名沿革與文獻歷史簡述」、「地名相關事項訪談內容」等項，篩選出提及「湧泉」的地名條目（流程參見第十二章），再逐條閱讀，最後確認與湧泉地景相關的聚落地名 61 個，列於附錄（參見如何使用本書）。

17 本表統計數字，只有計算聚落地名中包含與湧泉地景或湧泉所在環境相關的地名用字者，即從聚落名無法直接看出與湧泉地景或所在環境相關者，僅列於附錄（參見如何使用本書）。

第八章

崩塌與相關地名 [1]

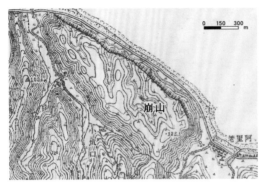

0 150 300 m

崩山

荒溪

若里阿

崩塌是指山坡上的土壤岩塊或岩盤因為暴雨、地震或人為不當開發等因素誘發，受重力作用而向下移動的現象。在臺灣的眾多聚落中，地名命名與崩塌最直接相關的是「崩」，例如，位於新北市石門區草里里的「崩山」聚落（圖8-1）。

◀ 圖 8-1 新北市石門區崩山聚落（**1921**）

崩塌的成因

山坡上的土壤、岩石甚至岩盤都可能發生移動，而且速度可能很快或極慢，不過一般人大多只會注意到快速崩塌的類型。指稱邊坡上物質移動的專有名詞很多，例如崩塌、山崩、崩坍、坍方及地滑等，近年政府相關單位也曾商議統一用法，簡化為山崩、地滑、土石流等詞彙[2]，而閩南語中的「崩山（pang-suann）」或「走山（tsáu-suann）」，大致相當於快速崩塌和大規模的地滑。若崩塌造成人類的生命財產損失，則稱為崩塌災害。

清水溪

▲ 照片 **8-1** 草嶺大崩塌（面向東北方拍攝）
九二一集集地震崩塌的土石阻塞清水溪河道，形成堰塞湖「新草嶺潭」。本照片攝於 2018 年 7 月 8 日，雖然部分坡面已經長出植物，但整體邊坡並未穩定。

如果從較長時間尺度來看地形演育，任何一處邊坡都可能發生崩塌。各地崩塌發生的頻繁程度和類型，與其地形、地質特徵密切相關，發生的時間則由誘發因素控制。例如，雲林縣古坑鄉清水溪谷北側、草嶺聚落以西的大片山坡，是典型的順向坡[3]，坡腳又持續受到清水溪的侵蝕，在歷史上曾多次因颱風豪雨或地震而發生地滑，最近一次則是由 1999 年九二一集集地震誘發（照片 8-1），並造成慘重傷亡（劉聰桂主編，2018）。

直接指稱崩塌的地名

「崩」時常與指平面上突起地形或山岳丘陵的「山」、指陡崖的「崁／坎」（許淑娟，2010）連用，形容崖面的崩塌。以《臺灣地區地名資料》收錄的地名為例（內政部，2018）：

- 新北市石門區草里里「崩山」聚落：因此處山崖陡峭，據說曾有落石滾落，故得此名（圖8-1、照片8-2）。鄰近的山溪里還有兩處相似的聚落地名，「老崩山」地名緣由的一種說法是約兩百年前此地曾發生崩塌，而「崩山口」則因位於通過老崩山聚落的山路出口而得名（照片8-3）。不過，可能因為近期沒有顯著的崩塌發生，現在多數居民並不太確知，為何這個地區會有這麼多聚落以「崩」為名了[4]（圖8-2）。

- 臺中市外埔區水美里「崩山」聚落：因此地南臨大甲溪，清代時受到湍急水流侵蝕切割而時常崩塌，故得此名（圖8-3）。

- 花蓮縣壽豐鄉月眉村「崩崁」聚落：因此處下雨時經常發生崩塌而得名。

- 南投縣南投市福興里「崩崁」聚落：因此地西倚八卦台地且東臨貓羅溪，每遇大雨侵襲，八卦台地崖時常會發生山崩，故得此稱。

▲ 照片 **8-2** 新北市石門區崩山聚落附近的陡崖[5]

▲ 照片 **8-3** 新北市石門區崩山口聚落的公車站牌

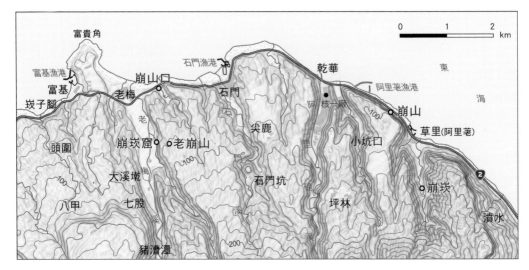

▲ **圖 8-2 新北市石門區「崩」字聚落分布圖**
此區有不少「崩」字聚落地名,除了文中提到的「崩山」、「老崩山」、「崩山口」外,還有「崩崁」與「崩崁窟」。「崩崁」聚落據說曾有因地震導致山崩而形成的山崖,故得此稱;「崩崁窟」聚落位於地勢較低的凹地,因其旁邊的山坡時常發生崩塌而形成陡峭的山壁,故得此名。

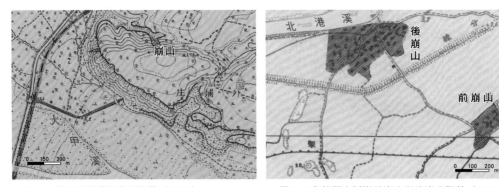

▲ **圖 8-3 臺中市外埔區崩山聚落(1921)**　　　▲ **圖 8-4 嘉義縣六腳鄉前崩山與後崩山聚落(1921)**

一般而言,聚落名中採用「崩」字,多指山坡地的崩塌,不過也有少數是指河岸沙丘或海岸陡崖的崩塌。例如:

* 嘉義縣六腳鄉崩山村「前崩山」與「後崩山」聚落:地名由來可能與河流侵蝕相關,據說該地昔日曾有兩位私塾先生,於晚間返家途中目睹北港溪的滾滾洪水將沙丘沖蝕吞噬,其凶險有如崩山一般,他們脫險返家後,將此情景告訴當地村民,「崩山」之名便由此而來[6](內政部,2018)(圖 8-4)。

- 高雄市旗津區中興里「崩隙」聚落：因此地屬沙質，受海風吹蝕與海浪沖蝕而常有崩落現象，尤其是在一次颱風侵襲後，沿海岸的一大片土地齊齊崩落而形成一大空隙，故得此名（內政部，2018）。

「崩」也有與指稱池塘的「陂／埤／坡」（韋煙灶，2020）合用的情形，多指聚落附近的埤塘崩塌。以《臺灣地區地名資料》收錄的地名為例（內政部，2018）：

- 臺南市後壁區菁豐里「崩埤」聚落：早年村莊內有灌溉用的埤塘，因埤塘旁土堤的泥土鬆軟，常有崩塌現象，故稱為崩埤。
- 桃園市楊梅區東流里「崩坡下」聚落：因此處的埤塘常被山洪沖毀而得名。

與崩塌相關的附屬地名

指稱崩塌的「崩」與「枋」、「邦」的閩南語發音相同，皆讀做「pang」[7]，因此具有「枋」和「邦」的地名也可能與崩塌相關，例如：

- 屏東縣枋山鄉枋山村「枋山（崩山）」聚落：據說昔日極易發生山崩，故取「崩山」的閩南語諧音為名（內政部，2018；洪惟仁，2006）。
- 高雄市內門區永興里「頭崩崁（土崩崁／大華）」聚落：此地在日治時期的臺灣堡圖中記為「頭邦崁」，地名源自聚落附近極易崩塌的陡崖[8]（內政部，2018）。

有些先民會認為以崩塌為地名的寓意不佳，而將地名雅化。例如，新北市石碇區彭山里的「崩山」聚落，因當地時有山崩現象而得名，當地舊里名即稱為「崩山里」。不過，1945 年光復後因認為「崩山」作為里名不雅，故取「崩」的近似音「彭」，將里名改為「彭山里」[9]（內政部，2018）。

深具想像力的先民可能會將崩塌之後產生的特殊地形，冠上相對應其形象或意象的動物名稱。以《臺灣地區地名資料》收錄的地名為例（內政部，2018）：

- 嘉義縣梅山鄉碧湖村「雞園嶺」聚落：此地原名「雞胸仔嶺」，因山崩而使此地山脊突出，兩側呈緩斜狀，地形貌似雞胸前骨而得名。由於「胸」的閩南語發音「hing」與「園」的閩南語發音「hn̂g」相近，故地名被音轉為「雞園嶺」[10]。

- 苗栗縣南庄鄉田美村「蟾蜍石」聚落：因聚落附近曾發生山崩，崩落一顆狀似蟾蜍的巨石而得名。然而，此石在 1963 年葛樂禮颱風時遭沖刷而消失，僅存此地名作為巨石存在的佐證。

與崩塌相關的原住民族地名

原住民族在命名時，也常參考當地的自然環境或是曾經發生過的災害作為命名依據，因此也有與崩塌相關的地名。以《臺灣地區地名資料》收錄的鄒族地名為例[11]（內政部，2018）：

- 嘉義縣阿里山鄉達邦村「yʉʉskʉ」：指因土石滑動而裸露的斜坡，在雨季時也經常崩滑。

- 嘉義縣阿里山鄉十字村「nia yʉʉskʉ」：指過去的坍方地。

- 嘉義縣阿里山鄉來吉村「samatu」：指土石滑動堆積處。

山嶺的缺口？崩塌地名與傳統風水

中國傳統風水觀中，將山脈視為「龍」[12]，而有龍脈之說。在臺灣，有些以「龍」為名的聚落，竟和附近山嶺的崩塌或地形變遷有關，顯示漢族的傳統環境觀。例如，高雄市美濃區龍山里「龍肚」、「龍背」及「龍闕」聚落命名由來，和當地一座名為「龍山」[13]的狹長小山脊有關。「龍肚」位在龍山東側的小平原，「龍背」則位在西側。根據當地人說法[14]，很久以前「龍肚」附近湖泊「龍潭」的湖水，原本向北流出，但是在清代雍正年間，因山洪爆發、湖水高漲，改由龍山中段較低窪處溢出，該地也因此山脊的缺口而得到「龍闕」之名（內政部，2018）（圖 8-5、照片 8-4）。

仔細檢視龍肚一帶的地形立體圖（圖 8-5），可以發現龍肚一帶真的比南北兩側略低，龍闕附近為最低處（海拔高度約 60 公尺），也是竹子門溝切穿龍山之處。但是為什麼龍肚往南朝向屏東平原下游方向，地勢反而較高呢？這是因為東側的荖濃溪在進入平原之處形成廣大的沖積扇（圖 8-6），龐大的扇體迫使竹子門溝和美濃溪只能環繞扇緣而流，直到鯤洲附近才匯入楠梓仙溪（旗山溪）。

　　除了美濃龍山里的聚落地名故事，新竹縣橫山鄉力行村還有一處名為「抽心龍」的聚落，其地名由來的說法是「因附近整座山嶺受沖刷而從中央崩塌，形成一條大山溝而得名（內政部，2018）」，很有形象感。可惜筆者未能從日治時期以來的地圖確認這個聚落的位置，而無法以圖示印證地名緣起的環境特徵。

▲ 圖 8-5 高雄市美濃區龍肚、龍闕及龍背聚落一帶地形立體圖
高雄市美濃區東部的龍肚、大崎下一帶，受兩側丘陵夾峙與南側荖濃溪沖積扇包圍，呈南北狹長狀的低地，海拔高度介於 60 至 70 公尺之間。龍肚一帶略低，約 62 至 65 公尺，龍闕附近最低，約 60 公尺。

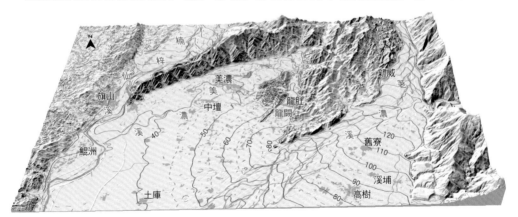

▲ 圖 8-6 荖濃溪沖積扇與美濃地區地形立體圖
荖濃溪為高屏溪主要源流，集水範圍廣大，沉積物供給旺盛，在進入屏東平原處形成廣大的沖積扇，地圖上等高線大致呈弧形處（新威到土庫），顯示其規模。由於荖濃溪沖積扇體頗高，使得美濃溪及其支流竹子門溝被迫繞遠路，沿沖積扇北緣西行，再往南折，才得以注入楠梓仙溪。早期未興建河堤之前，沖積扇上河流常因洪水而改道，美濃市街建於美濃溪北岸，洪水災害威脅較小。

▲ 照片 **8-4** 龍肚、龍闕及龍背聚落一帶（面向東南方拍攝）

崩塌相關聚落地名的分布

　　筆者檢索內政部《臺灣地區地名資料》，可以篩選出 98 個與崩塌相關的聚落地名條目[15]。其中，數量最多且直接指稱崩塌的地名用字是「崩」，共有 70 個。「崩」常與指崩塌地環境特徵的「山」、「崁／坎」、「陂／埤／坡」等地名用字連用，而成為「崩山」、「崩崁／崩坎」、「崩陂／崩埤／崩坡」等直接指稱崩塌的地名（表 8-1）。

▼ 表 **8-1** 崩塌相關聚落地名數量統計表

類型	地名用字（聚落數量）
直接指稱崩塌	崩（70）、崩山（30）、崩崁／崩坎（19）、崩陂／崩埤／崩坡（8）
附屬於崩塌環境	枋（6）、邦（2）

註：本表各類地名用字的聚落數量計算方式，請參見本章末註釋 16、17。

　　若依據各地名條目所記載的崩塌成因，可分為坡地災害（65 個）、河流侵蝕（20 個）、埤塘崩塌（10 個）以及海岸侵蝕（3 個）四類（圖 8-7）。這些與崩塌相關的地名分布以淺山丘陵、台地為主，高山地區反而較少，可能是因為人口密度與聚落數量的差異，也可能是因為本書採用的資料以收錄漢人地名為主（圖 8-8、圖 8-9）。

　　大規模崩塌常常數十年或更久才發生一次，容易被人們淡忘。聚落地名中關於崩塌的含意，不僅具體的展現了先民對生活環境的體認，也是最佳的災害風險溝通素材，可以引導現在的居民與學童提高自然災害風險意識。

▲ 圖 **8-7** 崩塌相關聚落地名的崩塌成因分布圖

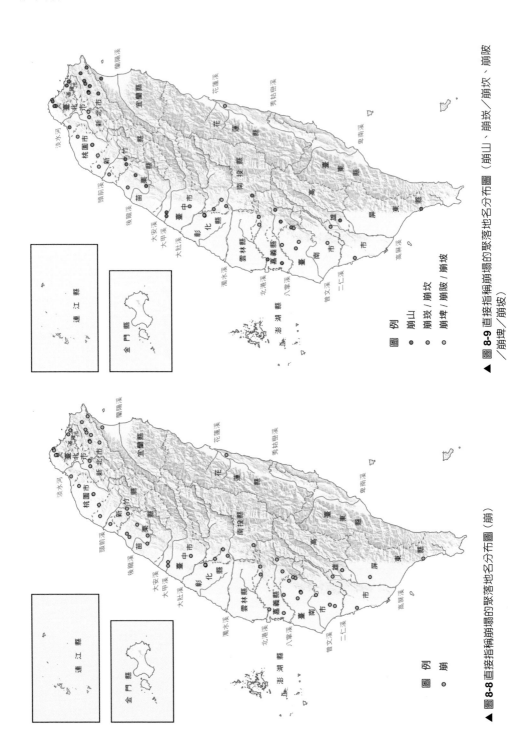

▲ 圖 8-9 直接指稱崩場的聚落地名分布圖（崩山、崩坎／崩坎、崩坎／崩坡、崩陂
／崩埤／崩坡）

▲ 圖 8-8 直接指稱崩場的聚落地名分布圖（崩）

1　本章乃筆者根據「沈淑敏等人（2018）融入地方知識的自然災害風險溝通—以臺灣地名為例，行政院農業委員會水土保持局」計畫部分成果改寫，特此說明。

2　指稱邊坡上物質移動的名詞很多，學術上使用的塊體崩壞（mass wasting）或塊體崩移（mass movement），包含各種方式之快速或慢速的崩壞類型，是最廣義的用語。英文「Landslide」可能指中文的崩塌、山崩、崩坍、坍方等，一般指快速崩壞的類型，比較狹義的用法則專指地滑（中國慣用「滑坡」一詞）。近年政府相關單位曾商議統一用法，例如《地質法》（2010）中使用山崩、地滑、土石流等詞。最近又定義所謂「大規模崩塌」，是指崩塌面積超過 10 公頃或土方量達十萬立方公尺或崩塌深度在 10 公尺以上的崩塌地；此類深層的崩塌，近於高速運動的地滑。

3　順向坡泛指邊坡坡向與地層傾斜方向一致的山坡。

4　沈淑敏等人（2018）曾實地訪查新北市石門區山溪里的居民，詢問其對於「崩」字相關地名由來的了解，訪查後發現，含有「崩」字的地名對受訪者而言僅僅是個地名，並不會聯想到含有「崩」的地名與崩塌等坡地災害的關係。此外，其中兩位受訪者提到「崩」是指過去（約兩百年前）曾有崩塌；另一位受訪者則認為「崩」字地名與崩山無關，是由於山內木材集結在一處而有「枋寮」之稱，但在口耳相傳之間變成「崩」字（沈淑敏等人，2018）。

5　「崩山」聚落的地名條目中提到「該地名大致位於阿里荖聚落北側，即台二線濱海公路本村與茂林村交界處一帶。此段濱海公路南側之山崖極為陡峭，據說曾經發生落石，故名。」（內政部，2018）。本照片即拍攝自該段敘述所指大致位置，不過此處邊坡是否曾因修築公路而受改變，則不確知。

6　「前崩山」聚落地名由來的另一種說法為：「當地先民原居於北港溪北側的沙崙上，地勢高，北風長年挾帶走大量的風沙，久而久之，沙崙漸崩塌，因此得名（內政部，2018）。」至於「後崩山」聚落，在《臺灣地區地名資料》中並未提到地名緣由，不過，根據「前崩山」聚落的地名解釋「崩山地名的由來，有二種說法：其一，先民原居於北港溪北側的沙崙上，地勢高，北風長年挾帶走大量的風沙，久而久之，沙崙漸崩塌。其二，昔日曾有兩位私塾先生，於晚間返家途中，突遇洪水，急登沙崙上。目睹滾滾洪水，將沙崙吞噬沖走，其凶險有如崩山一般。翌日，脫險返家，將此一情形告諸村人，『崩山』之地名遂由此而來（內政部，2018）。」且兩聚落皆位於崩山村內，距離甚近，又加上地名中的「前」與「後」為一組表示相對位置的地名用字，因此筆者推測「前崩山」與「後崩山」聚落的地名由來應為一致。

7　有些字的閩南語發音有白讀音與文讀音之分，例如「崩」的白讀音為「pang」，文讀音為「ping」，其白讀音與「枋」、「邦」的閩南語發音相近（教育部，2011）。

8　現代地圖上「頭崩崁（土崩崁／大華）」聚落被誤記為「頭板坑」。

9　「崩山」聚落所在的里名雖雅化為「彭山里」，但查找 1945 年臺灣光復後的地圖，發現該聚落名並未與里名一同雅化，仍保持「崩山」之名。

10　「胸」的閩南語白讀音為「hing」，文讀音為「hiong」；「園」的閩南語白讀音為「hn̂g」，文讀音為「uân」，兩字之白讀音相近（教育部，2011）。

11　「yɨɨskɨ」、「nia yɨɨskɨ」、「samatu」三地名之拼音方式，係參考國立臺灣師範大學地理學系汪明輝個人通訊（2021 年 6 月 6 日）。

12　臺灣帶有「龍」的地名多是「壟」或「壢」的諧音別字，原意有長條高地之意涵，這種隱喻在客家地區尤其常見；也有少數來自「蛇」的避諱與雅化，如新北市八里區的「蛇子形」聚落，因名稱不雅而改稱為「龍形」（內政部，2015；國立臺灣師範大學地理學系韋煙灶個人通訊，2021 年 5 月 3 日）。

13 此條小山脊也被稱為「蛇山」、「橫山」（內政部，2018）。

14 很久以前「龍肚」附近原為一湖泊，稱為「龍潭」，湖水本來向北邊流出，但是清代雍正 13 年（1735）農曆 5 月時，豪雨不斷、山洪爆發，使湖水高漲而由龍山中段較低窪處溢出，造成土石崩塌並形成一個缺口，該地因而得到「龍闕」之名（內政部，2018）。

15 本章首先以「崩塌」相關的關鍵字，自《臺灣地區地名資料》聚落類地名的「地名意義」、「地名沿革與文獻歷史簡述」、「地名相關事項訪談內容」等項，篩選出提及「崩」的地名條目（流程參見第十二章），再逐條閱讀，最後確認與崩塌相關的聚落地名 98 個，列於附錄（參見如何使用本書）。

16 本表統計數字，只有計算聚落地名中包含與崩塌或崩塌所在環境相關的地名用字者，即從聚落名無法直接看出與崩塌或所在環境相關者，僅列於附錄（參見如何使用本書）。

17 本表中「崩」的聚落地名數量，也包含崩山、崩崁等地名中有「崩」字者。

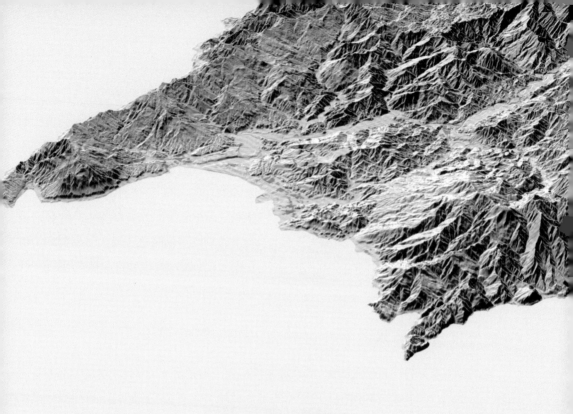

第九章

洪患與相關地名

▲ 圖 9-1 彰化縣埔鹽鄉浸水聚落（1904）

洪患又稱水災或洪災（洪水災害的簡稱），是指因為降雨過多、排水不及、水流溢淹或其他意外因素，造成地表被大水淹沒的現象（國家災害防救科技中心，2020）。在臺灣的眾多聚落中，地名命名與洪患最直接相關是「浸水」，例如，位於彰化縣埔鹽鄉新水村的「浸水」聚落（圖9-1）。

易發生洪患的地區

臺灣發生水災的時間和強降雨[1]的季節密切相關，主要為 7 至 9 月的颱風和西南氣流造成，其次為 5 月和 6 月的梅雨。由於本島地形陡峭、河流短小的特性，可能發生山區山洪爆發、平原地區河水氾濫、海岸暴潮[2]溢淹等洪患類型，而且溪流洪水高漲時可能侵蝕河岸，甚至改道。雖然百年來臺灣各地不斷興建堤防與排水設施，發生洪患的機率大幅下降，不過由於近年來極端降雨事件頻率增加，許多地勢較低窪之處仍有較高的洪水災害風險[3]（圖9-2）。

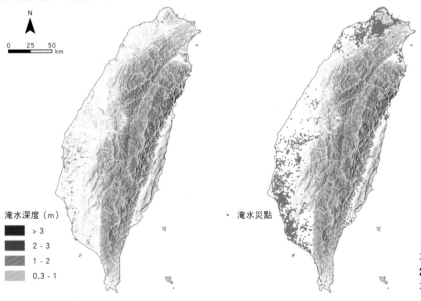

淹水深度（m）
- > 3
- 2 - 3
- 1 - 2
- 0.3 - 1

· 淹水災點

◀ 圖 9-2 全臺淹水潛勢圖（左）與 2015 至 2019 年淹水災點圖（右）[4,5]

直接指稱洪患的地名

在臺灣，以直接指稱洪患的「浸水」為聚落命名的案例很少，這可能因為居民並不樂見洪水災害降臨之故。以《臺灣地區地名資料》收錄的地名為例（內政部，2018）：

- 彰化縣埔鹽鄉新水村「浸水」聚落：因位於一條小河的尾端，排水不佳，且地勢較低而常有水患，故得此名。

- 高雄市內門區永富里「浸水寮」聚落：因舊時楠梓仙溪（旗山溪）支流溝坪溪向南流經寶林與埔頂之間，原河道突然彎曲形成小曲流，致使水流迂緩不暢，夏季河岸常遭水患。清末有郭姓人家建農寮於此，常浸泡於河水之中，而得此名（圖 9-3）。

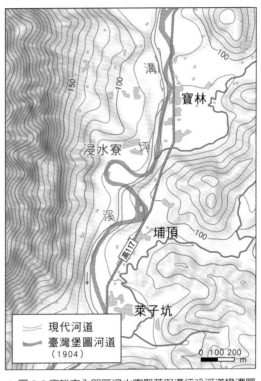

▲ **圖 9-3** 高雄市內門區浸水寮聚落與溝坪溪河道變遷圖
浸水寮旁河道原為較彎曲的曲流，水流容易受阻而淹水，後因曲流切斷，水流才變得流暢。

- 屏東縣東港鎮鎮海里「浸水庄」聚落：因地勢低窪易淹水，而稱此地為浸水庄。

與洪患相關的附屬地名

易發生洪患的聚落大多位於地勢低平、鄰近河流的環境，所以也可見到以指稱河流的「溪」或指涉大片平坦荒地的「埔」為名的聚落（許淑娟，2010）。以《臺灣地區地名資料》收錄的地名為例（內政部，2018）：

- 高雄市林園區溪洲里「溪洲仔」聚落：此地過去位於高屏溪中的沙洲，先民為了生存，耕居其上，因而常受洪水威脅（圖 9-4）。

- 新竹市東區水源里「溪埔仔」聚落：該聚落因地處頭前溪網流帶的河川埔地上而得名，曾經遭受過嚴重水患（圖9-5）。

▲ 圖 9-4 高雄市林園區溪洲仔聚落（**1904**）　　▲ 圖 9-5 新竹市東區溪埔仔聚落（**1921**）

　　除了洪患本身之外，先民也可能會依據在洪水溢淹或河岸侵蝕時所觀察到的環境變化來命名聚落。以《臺灣地區地名資料》收錄的地名為例（內政部，2018）：

- 雲林縣二崙鄉三合村「深坑」聚落：在臺灣「坑」一般指溪谷，但此處的「深坑」並非此意，而是由於聚落緊鄰新虎尾溪，曾在洪水期時沖垮河堤，造成很深的窪洞而命名。

- 新竹市東區振興里「烏崩崁」聚落：此地周遭有一個沿著客雅溪的小河階面，該河階的土壤以黑色沖積土為主，土質疏鬆，因崖上的黑色土壤常於洪水季節發生崩塌而命名。

　　面對河水氾濫威脅的先民，也可能將地名賦予祈求遠離洪患的含意，例如，位在花蓮縣玉里鎮大禹里的「大禹」聚落（照片9-1）。此聚落曾歷經多次更名[6]，日治時期稱為「末廣」，寓意「此地未來會繁榮發達」。但因該聚落部分坐落於秀姑巒溪與豐坪溪（太平溪）匯流處的氾濫平原上（圖9-6），隨著兩溪河道加寬，愈來愈多的農田流失，當地居民認為「末廣」意味著兩溪未來會越來越廣，帶有不祥之意。適逢臺灣光復，趁著地名去日本化的時機，居民決議援引中國上古時期「大禹治水」的傳說（照片9-2），將地名改為「大禹」，期盼家園能免於洪水侵擾[7]。

▲ 照片 **9-1** 大禹聚落、秀姑巒溪與豐坪溪（面向西方拍攝）
　現今秀姑巒溪與豐坪溪河道已築堤束縮，可以保護大禹聚落免受數十年一遇的洪水威脅。

▲ 照片 **9-2** 大禹聖帝像
　當地居民於聚落內興建大禹聖帝像，以祈求大禹
保祐家園不受洪水侵襲。

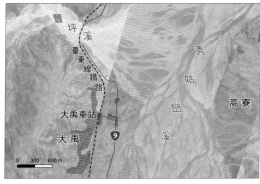

▲ 圖 **9-6** 大禹聚落一帶航空照片（**1952**）
　大禹聚落外圍鄰近秀姑巒溪和豐坪溪匯流之處，地勢
相對較低，早期靠近河岸的農田易受洪水氾濫而毀
壞，聯外交通甚至也曾因溪水暴漲而中斷，嚴重影響
居民生計。1950 年豐坪溪暴漲沖毀跨溪吊橋，不但
造成北上聯外道路中斷，而且使此後數年間大禹居民
僅能步行於河床往來南北兩地，交通十分不便。該次
洪水因吊橋殘骸橫立於河道之中形成人工壩，造成河
水回堵，氾濫溢淹至大禹聚落北側外圍[8]。值得一提
的是，自 1930 年代至今，兩溪洪水均未淹至主要聚
落內——這是因為大禹聚落多建於距離河道較遠、地
勢相對稍高的氾濫平原，以及地勢相對更高的丘陵山
腳，方能避開水患威脅。

再造新家園？洪水侵襲 vs 先民的調適能力

　　當一個聚落經常遭受洪患，而且生命財產損失已經遠超過可以忍受的範圍，就可能藉由改變居住地的方式來避免災害。相對於原來的聚落，遷居後的聚落常以「莊／庄」、「厝」為名，並冠以「新」字，在雲林、嘉義平原地區有不少這樣的案例（圖9-7）。例如，雲林縣北港鎮「北港」聚落因昔日北港溪常氾濫，有些居民遂遷居至今日嘉義縣新港鄉「新港」聚落[9]。

▲ **圖 9-7** 雲嘉地區因水災而遷村之聚落案例分布圖

　　嘉義市西區美源里「新庄」聚落最初的發展，也與躲避洪患有關。一百多年前新庄的居民原本住在更靠近溪邊、地勢更低的「下角寮」聚落（圖9-8、圖9-9），1913年的暴風雨導致八掌溪河水氾濫，房屋、田園均被洪水沖走，才遷移至現今的地方，因新遷居而得名新庄（內政部，2018）。1919年11月28日的《臺灣日日新報》曾記載這場大洪水：

　　嘉義廳直轄下頭路庄（本名下角蔡庄），大正二年暴風雨，田宅流失過半，居民為避其危險，全庄移居於農場西南，重名為下路頭新庄。月之二十三日乃盛舉其移轉祝云（新庄移轉祝，1919）。

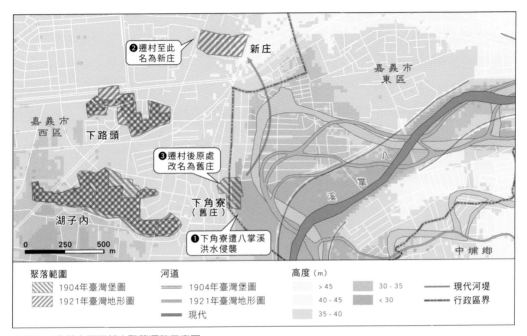

▲ **圖 9-8** 嘉義市西區新庄聚落遷移示意圖
下角寮聚落受到八掌溪洪水影響，遷至北方重新建立聚落，取名為「新庄」。

◀ **圖 9-9** 嘉義市西區新庄周邊與新舊聚落
嘉義市西區新庄聚落經過多年發展，幾乎已經和嘉義市區連成一片。其南邊的大片農地就是八掌溪舊河道曾經擺移的範圍，後來陸續興建河堤和排水設施，原來下角寮聚落周邊成為新興的建成區域。

　　另一個因洪水遷村的例子是嘉義縣東石鄉圍潭村的「新厝仔」（圖 9-7）。當地居民最初住在朴子溪北岸（右岸）的「雙連潭」聚落，清光緒初年因聚落被洪水沖毀，部分村民遷移至今「圍子內」聚落南方，並稱為「新厝仔」。1920 年，原雙連潭聚落再次遭到洪患重創，村民將舊屋、古廟移往雙連潭現址，並與較早遷至新厝仔的居民合祀觀音佛祖及列位正神（內政部，2018）（圖 9-10），且仍沿用原聚落名「雙連潭」迄今。

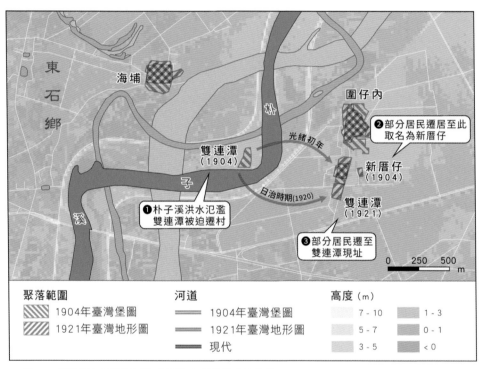

▲ 圖 9-10 嘉義縣東石鄉雙連潭（新厝仔）聚落遷移示意圖

　　藉由不同年代地圖的比對，可以發現嘉義市西區新庄和嘉義縣東石鄉新厝仔附近的河道曲流發達，而且經常局部改道，好像一條蛇的擺動，造成聚落水患頻仍。後來，為了取得新生土地與防止洪災，政府在河流兩岸興建河堤，河道位置也被固定下來。不過，河堤的設計是依循一定的防洪保護標準，如果洪水規模超過設計標準，仍有發生洪患的風險。

洪患相關聚落地名的分布

　　檢索內政部《臺灣地區地名資料》，可以篩選出 104 個與洪患相關的聚落地名條目[10]。不過，在這些地名條目中，僅有 3 個聚落以「浸水」爲名，即直接以洪患爲聚落命名的案例很少，或許是因爲淹水有時間性或先民不喜歡優先採用災害現象來命名。洪患地名主要出現在臺灣西半部平原區，多位於鄰近河川和地勢較爲低窪的地方，但直接指稱洪患的「浸水」，只搜尋到 3 個聚落，所以本章並未繪製地名分布圖。

　　不過其他可見於地勢低窪、鄰近河川等易發生洪患的地區，而不是專指洪患的地名用字，包含「溪」、「新」、「埔」等（表 9-1），卻相當多。這表示在先民拓墾的過程中，逐漸開發鄰近河道的氾濫平原，導致聚落淹水的機會升高。尤其因爲水災而遷移的聚落，常使用「新」以區別原本的舊聚落（圖 9-8），是探索聚落遷移的一大線索呢！

▼ 表 **9-1** 洪患相關聚落地名數量統計表

類型	地名用字（聚落數量）
直接指稱洪患	浸水（3）
附屬於洪患環境	溪（28）、新（22）、埔（7）

註：本表各類地名用字的聚落數量計算方式，請參見本章末註釋 11。

1 豪（大）雨雨量分級定義：24 小時之內降雨量達 500mm，即為「超大豪雨」等級，為最高之級別。

2 臺灣地處颱風必經路線上，暴潮時有所聞。颱風的低壓中心造成海面上升，更重要的則是強風吹拂海面，造成海水堆高過於平常。而當海岸發生暴潮，又碰上大潮日（滿月或新月日）的滿潮時刻，則海岸低窪地區的淹水狀況會更嚴重（國家教育研究院，無日期）。

3 由 1949 到 2011 年的統計資料來看，以往的豐枯水年週期從十九年一循環，到近期大幅縮短為七年一循環，而且豐枯年的雨量多寡差距越來越大，臺灣每年的雨量變化在數量和頻率已經顯得越來越極端化（經濟部水利署，2013）。

4 淹水潛勢指透過降雨條件、地形地貌資料及水理模式演算，模擬防洪設施於正常運作下造成淹水之可能狀況（水災潛勢資料公開辦法，2015）。

5 淹水潛勢資料係取自經濟部水利署（2017），呈現模擬 24 小時雨量 500 mm 的全臺淹水深度，可以得知淹水災害風險較高的地方，以宜蘭、彰化、雲林和嘉義等相對低窪的平原及沿海地區為主。淹水災點資料係取自科技部（2020），可以從圖中發現實際上有淹水災情的地方，亦以平原及沿海地區最為密集，其中大臺北地區潛勢沒有特別高，但淹水災點密集，可能與人口密度較高相關。大致上，淹水災害風險高的地方，實際發生水災的機率也較高。

6 大禹舊稱「sedeng」、「針塱」，相傳大禹聚落附近的山中曾有有毒植物「咬人貓」，阿美族人稱咬人貓為「sedeng（瑟冷、斯頓）」，漢人將其譯作「針塱」，今日大禹聚落內的阿美族部落自稱「瑟冷部落」（內政部，2018）。

7 本書作者之一陳銘鴻於 2020 年 8 月 30 日和 9 月 30 日訪問在地耆老陳棣青先生（86 歲）、黎秀蘭女士（83 歲）。除本文中寫到的內容之外，受訪者還提到當地居民欲將末廣更名的另外一個原因，是因為此地名並非臺灣人的地名命名語彙，對於當地居民而言並無太大意義。1946 年，當地居民原先一致決定將末廣改為「光復」，以慶祝臺灣光復；然而，此地名與同時間更名的花蓮縣「光復鄉」相同，又因此地行政區劃層級為里，低於行政區劃層級為鄉的光復，故不得不奉花蓮縣政府命令更名，後才決議將地名改為「大禹」。

8 本書作者之一陳銘鴻於 2020 年 8 月 30 日和 9 月 30 日訪問在地耆老陳棣青先生（86 歲）。

9 雲林北港最早稱之笨港，後因笨港溪（今北港溪）氾濫分成了笨北港、笨南港。笨北港即今雲林縣北港鎮，笨南港後來因遷移分成新南港、舊南港，新南港即今嘉義縣新港鄉，舊南港則位於今新港鄉的南港村（翁佳音、曹銘宗，2016）。

10 本章首先以「洪患」相關的數個關鍵字，自《臺灣地區地名資料》聚落類地名的「地名意義」、「地名沿革與文獻歷史簡述」、「地名相關事項訪談內容」等項，篩選出提及「洪患」、「淹水」、「水災」、「水患」、「洪水」或「洪災」的地名條目（流程參見第十二章），再逐條閱讀，最後確認與洪患相關的聚落地名 104 個，列於附錄（參見如何使用本書）。

11 本表統計數字，只有計算聚落地名中包含與洪患或洪患所在環境相關的地名用字者，即從聚落名無法直接看出與洪患或所在環境相關者，僅列於附錄（參見如何使用本書）。

第十章

其他地形與相關地名

臺灣擁有豐富的地形景觀，前面已經介紹 9 種與地形、地景及自然災害相關的主題，但還有不少與地形相關的聚落地名值得一提。本章包含 6 個小節，分別介紹岬灣、分水嶺、山間溪谷、窪地、瀑布與泥火山地形的相關地名，最後再以結語總整本章。

岬灣與相關地名

岬角是指明顯突出於海岸線的狹長地形，灣澳則是指兩岬之間或海岸線明顯向內陸凹入的地形，岬角、灣澳發達的海岸稱爲岬灣海岸，臺灣北部海岸與離島的澎湖、金門、馬祖海岸均具有此特色。

在岩石海岸地帶，如果地層走向與海岸線延伸方向大角度相交，而且岩層軟硬有別，經過長期的差異侵蝕，常形成凹凸曲折的海岸線。通常抗蝕力較高的堅硬岩層，形成向海突出的岬角，抗蝕力較低的軟弱岩層，則形成向內陸凹入的灣澳，例如臺灣東北角海岸有八斗子、蕃子澳、深澳灣等一系列的岬角與灣澳（照片 10-1）。

▲ 照片 **10-1** 臺灣東北角海岸（面向西方拍攝）

直接指稱岬角的地名

岬角地形向海岸外突出，在地景中格外醒目，可能成爲附近聚落命名的依據。《臺灣地區地名資料》中有 25 個與岬角相關的聚落地名條目[1]，其中有 12 個地名使用「鼻」、9 個使用「尾」、8 個使用「頭」，還有 3 個是以「角」爲名。

　　與岬角最直接相關的地名用字是「鼻」與「角」[2]（內政部，2018），而且「鼻」常與「頭」、「尾」連用爲「鼻頭／鼻仔頭」（7 個）或「鼻尾／鼻仔尾」（5 個），直接指稱岬角。例如：

- 新北市瑞芳區鼻頭里「鼻頭」聚落：因聚落東北側有一處形如鼻頭的岬角（即「鼻頭角」），故得名「鼻頭」（內政部，2018）（圖 10-1）。

- 新北市石門區德茂里「鼻尾」與「鼻心」聚落：麟山鼻岬角形似人體鼻子，鼻尾與鼻心聚落分別因位於麟山鼻的末端與中心而得名（內政部，2015）（圖 10-2、照片 10-2）。

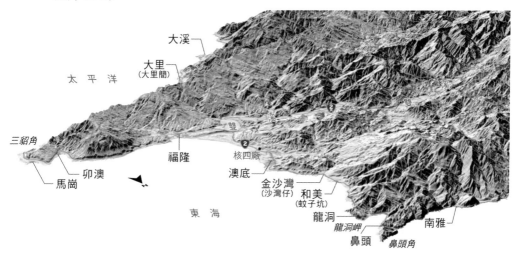

▲ 圖 10-1 臺灣東北角海岸地形立體圖
　鼻頭聚落坐落於鼻頭角西南側；「卯澳」及「金沙灣」聚落則位於灣澳內（參見後文）。

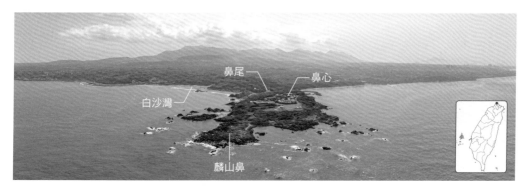

▲ 照片 10-2 麟山鼻與鼻尾、鼻心聚落（面向南方拍攝）

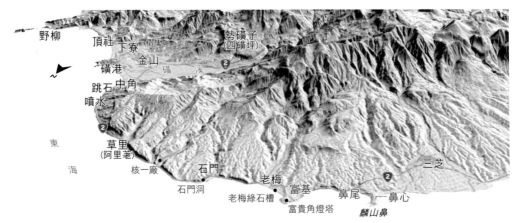

▲ 圖 **10-2** 臺灣北海岸地形立體圖
　鼻尾與鼻心聚落皆位於麟山鼻上,而富基聚落位於富貴角上（參見後文）。

與岬角相關的附屬地名

　　與岬角相關的地名也可能與音譯有關。例如,新北市石門區富基里「富基」聚落,研判是因為荷蘭人稱聚落所在的富貴角為「Hoek」,意義為岬角,所以將聚落地名音譯為「富基」[3]（內政部,2018）（圖 10-2、照片 10-3）。

▲ 照片 **10-3** 富貴角與富基聚落（面向東方拍攝）

直接指稱灣澳的地名

由於灣澳兩側多有岬角保護，波浪較小，有利於漁港興建和漁業聚落發展，位於灣澳內的聚落便可能以此地形為聚落命名。直接指稱灣澳地形的地名用字是意指海灣彎曲處的「澳」（許淑娟，2010），在《臺灣地區地名資料》44 個與灣澳相關的聚落地名中[4]，有 33 個使用「澳」字指稱灣澳。例如，新北市貢寮區福連里「卯澳」聚落，地名來源的說法之一是，自海上船隻望向此地，左右的山巒以及中間凹入的灣澳形似「卯」字，加上聚落位於灣澳之內，故得此名[5]（內政部，2018）（圖 10-1）。

在離島也有不少「澳」字的地名，例如，連江縣諸島（圖 10-3）：

- 連江縣莒光鄉青帆村「青帆澳」聚落：原寫作「青蕃澳」，意指許多外國人活動的灣澳。清代福州開港通商後，穿梭於附近海域的商船絡繹不絕，而此地海灣水深港闊，為外國商船進福州港前寄泊停駐的主要地點之一，所以當時有許多外國船員與旅客於此出沒。昔日居民多稱外國人為「蕃仔」或「青蕃」，而得此名（內政部，2018）。

- 連江縣莒光鄉青帆村「大澳」聚落：因聚落位於規模較大的灣澳上，故得其名（內政部，2018）。

- 連江縣莒光鄉青帆村「澳団」聚落：「団」在閩語（閩南語、閩東語／福州話等）中意指小孩（連江縣政府，2020），在此有規模較小之意。由於相較於大澳聚落所在的灣澳，此地灣澳的規模較小，故得名澳団[6]（內政部，2018）。

值得一提的是，連江縣諸島可見不少以「沃」字指稱灣澳的案例，例如，連江縣南竿鄉福沃村「福沃（福澳）」聚落、北竿鄉后沃村「后沃（后澳）」聚落，以及莒光鄉田沃村「田沃（田澳）」聚落（內政部，2015）（圖 10-3）。至於為何該縣出現多個以「沃」指稱灣澳且讀音同「澳」的地名，目前學界尚無定論，有興趣的讀者不妨深入研究這個問題，解開地名之謎！

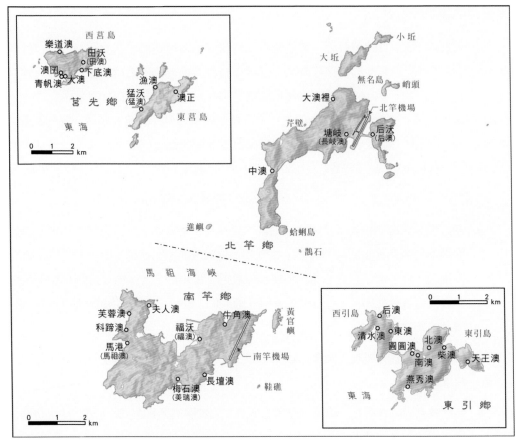

▲ 圖 10-3 連江縣「澳」字地名分布圖（含非聚落地名）

間接指稱灣澳的地名

　　海岸線曲折處多海灣，灣澳內聚落地名也可能以「灣／彎」爲名（許淑娟，2010）。此外，「垵」字指稱三面環丘的馬蹄狀低谷地[7]（許淑娟，2010），若位於海灣邊的聚落符合此地形特徵，則可能引爲地名。例如：

- 新北市貢寮區和美里「金沙灣」聚落：「金沙灣」舊稱「沙灣仔」，因聚落位於一處有泥沙堆積的灣澳內，故得此名（內政部，2018）（圖 10-1）。

- 澎湖縣西嶼鄉大池村「望安（網垵）」與望安鄉東安村「望安」聚落：因兩地位

於三面環丘的灣澳之中，故得名「垵」；至於「網」則是因為早期漁民在此使用大型網具牽罟[8]捕魚而得稱。兩地舊名皆為「網垵」，後取諧音轉為「望安」（內政部，2018；許淑娟，2010）。

分水嶺與相關地名

流域（drainage basin）是一條河流自上游源頭至下游河口的集水範圍，而分隔兩個相鄰流域的分界線即為分水嶺（divide），一般為山脊地形最高點所連成的稜線（ridgeline）。位於分水嶺兩側的河流，屬於不同的流域，例如，臺灣最高峰玉山為濁水溪與高屏溪的主要分水嶺。

直接指稱分水嶺的地名

《臺灣地區地名資料》中有 24 個與分水嶺相關的聚落地名[9]，其中，6 個地名使用「分水」，是直接指稱分水嶺的地名用字（韋煙灶，2020）。「分水」也常與形容山嶺的「嶺」、指稱突起地形的「崙」，以及描述山脊的「龍／壟／壠／壟」（韋煙灶，2020；許淑娟，2010）等地名用字連用。以內政部《臺灣地區地名資料》收錄的地名為例（內政部，2018）：

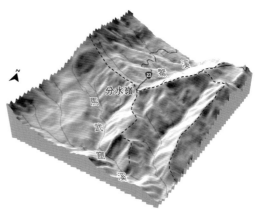

▲ 圖 **10-4** 花蓮縣富里鄉分水嶺聚落地形立體圖
黑色虛線為鱉溪與馬武窟溪的分水嶺，分水嶺聚落因位於其上而得名。

- 花蓮縣富里鄉豐南村「分水嶺」聚落：因聚落所在的山嶺為鱉溪與馬武窟溪的分水嶺，故得此名（圖 10-4）。

- 新北市平溪區薯榔里「分水崙」聚落：聚落位於平溪區薯榔里和石碇區光明里、永定里交會處的山嶺。此地為新店溪支流景美溪與基隆河的分水嶺，山嶺以東屬於基隆河流域，以西屬於景美溪流域，兩河於此相背而流，故得名分水崙（圖 10-5）。

● 新竹縣竹東鎮大鄉里「分水龍（斬龍）」聚落：與「龍」有關的地名多為「壠／壟／籠」字的雅化，常用來指稱山脊（韋煙灶，2020）。分水龍聚落位於頭前溪與中港溪支流峨眉溪的分水嶺上，故得此名（圖10-6）。

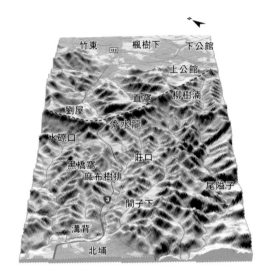

▶ 圖 10-6 新竹縣竹東鎮分水龍聚落地形立體圖
黑色虛線為頭前溪與峨眉溪的分水嶺，往竹東方向的河流屬於頭前溪流域，而往北埔方向的河流則屬於峨眉溪流域。

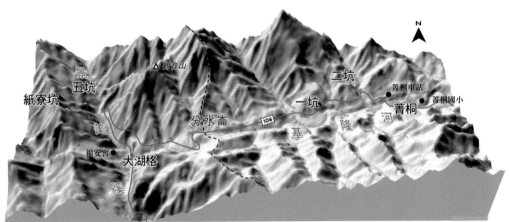

▲ 圖 10-5 新北市平溪區分水崙聚落一帶地形立體圖
黑色虛線為景美溪與基隆河的分水嶺，分水崙聚落因位於其上而得名。

山間溪谷與相關地名

山間溪谷泛指在山地或丘陵地區中，地勢相對低下的地形，包含河谷與溪溝。河谷（river valley）指河流在漫長過程中下蝕與側蝕所形成的谷地，溪溝（gully）指邊坡上由流水作用侵蝕而形成的溝槽地形（照片10-4）。

▲ 照片 **10-4** 陳有蘭溪與和社溪的谷地（面向東南方、往上游拍攝）
陳有蘭溪為濁水溪的支流，發源於玉山北坡，而在南投縣信義鄉和社聚落處與和社溪匯流。

直接指稱河谷、溪溝的地名

臺灣最常見以「坑」、「溝」、「窩」、「壢／瀝」為河谷或溪溝附近的聚落命名，直接指稱河谷或溪溝（許淑娟，2010）。例如：

- 苗栗縣公館鄉開礦村「出礦坑」聚落：此地位於後龍溪谷之中，因昔日河床有「硫磺油」[10] 湧出，故得名出礦坑（公館鄉公所，1994）。事實上，硫磺油即是石油，而出礦坑也是臺灣最早發現石油的地方（黃鼎松，1991）（照片 10-5）。

- 新北市新店區安昌里「安坑」聚落：此地為新店溪支流安坑溪的河谷，早期移民至此開墾時，認為谷地狹小幽暗，故將此地稱為「暗坑仔」，日久地名則雅化為「安坑」（內政部，2018）（圖 10-7）。

- 南投縣國姓鄉福龜村「龜溝」聚落：因附近的溝谷中常可見烏龜出沒，故得此名（內政部，2018）。

- 苗栗縣南庄鄉獅山村「大窩」聚落：中港溪支流流經此地而形成較寬廣的河谷，聚落因此而得名大窩（內政部，2018）。

- 桃園市中壢區石頭里「中壢」聚落：中壢舊名「澗仔壢」，客語稱山間流水小溪為「澗仔」，此地即因位於老街溪與新街溪中間的坑谷地帶而得名「澗仔壢」；後因此處為臺北至新竹的中途點，而被稱為「中壢」（內政部，2015）。

▲ 照片 **10-5** 苗栗縣公館鄉出磺坑聚落（面向西方、往下游拍攝）
出磺坑是臺灣最古早的石油與天然氣產地，此地的地質構造為背斜，有利於封存石油與天然氣，可藉油井將其取出。早在清代咸豐 11 年（1861），先民已開始於此挖掘油井，今日仍可見鑽井平臺等油田開發設施（黃鼎松，1991）。

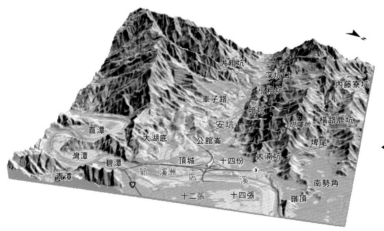

◀ 圖 **10-7** 新北市新店區安坑聚落一帶地形立體圖
安坑因昔日河谷狹小幽暗而得名，圖中可見另一地名「溪洲」則與沙洲相關（參見第二章）。

與河谷、溪溝相關的附屬地名

與河谷、溪溝相關的聚落地名爲數不少，包含形容溪流流向或地形險峻的獨特地名。以內政部《臺灣地區地名資料》收錄的地名爲例（內政部，2018）：

- 苗栗縣大湖鄉武榮村「水流東」聚落：臺灣的山脈走向使西部河川多向西流，向東流的則較少見，因此當出現向東流的河流時，就可能成爲地名命名的依據（韋煙灶，2020）。由於武榮村一帶的南湖溪向東北方流，附近聚落遂以「水流東」爲名，鄰近的栗林村也有「大水流東」、「小水流東」兩地名，分別指聚落附近水流往東的較大、較小河谷（圖 10-8）。

- 臺南市左鎮區左鎮里「摔死猴」聚落：因此地河谷險峻，連善於攀爬的猴子都可能會摔死，因而得名摔死猴。

- 新北市石門區山溪里「鉸剪隙」聚落：因該地河谷兩側山壁陡峭且形狀平整，好似用剪刀剪開一般，故得此稱。

- 苗栗縣三義鄉雙湖村「鬼仔坑」聚落：因此地河谷中林木蓊鬱，時常霧氣繚繞，有如鬼魅般陰森而得名。

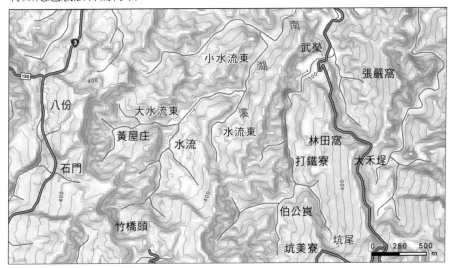

▲ 圖 10-8 苗栗縣大湖鄉水流東聚落一帶地形圖
水流東、大水流東、小水流東聚落因河水流向偏東而得名；另一地名「坑尾」則因聚落位於河水源頭有關（參見後文）。

真的「頭」、「尾」不分嗎？閩南人與客家人的環境識覺差異

指稱河谷、溪溝的聚落地名中，「坑」與「溝」是閩南與客家族群通用的地名，多分布於西部淺山丘陵或台地邊坡；「窩」及「壢／瀝」則是客家族群特有的命名方式，多分布於桃園市、新竹縣、苗栗縣等客家族群聚集的丘陵地區。

一條溪谷中常不只一處聚落，「坑」、「溪」、「窩」等地名常與「頭」、「尾」連用，來指稱聚落在溪谷內的位置。例如：

- 南投縣鹿谷鄉內湖村「溪頭」聚落：溪頭舊名「坑頭」，爲閩南人所命名的地名，因地處濁水溪支流東埔蚋溪上游北勢溪的發源地而得名（內政部，2018；韋煙灶，2020）（圖 10-9）。

- 苗栗縣大湖鄉武榮村「坑尾」聚落：此爲客家人命名的地名，因位於南湖溪的源頭一帶而得稱（內政部，2018）（圖 10-8）。

咦！怎麼閩南人命名的「溪頭」和客家人命名的「坑尾」都是指河谷上游？原來這兩個族群看待河谷的方向剛好相反，閩南人稱河谷上游爲「頭」、下游爲「尾」，客家人則相反。有學者認爲這是因爲閩南人從水源的角度觀察河谷環境，以河谷上游處爲河水的源頭，稱作「坑頭」或「溪頭」；客家人則可能是從開墾順序的角度觀察，通常拓墾由河谷下游開始，上游爲拓墾的末端，而以「坑尾」或「窩尾」稱之（韋煙灶，2020）。

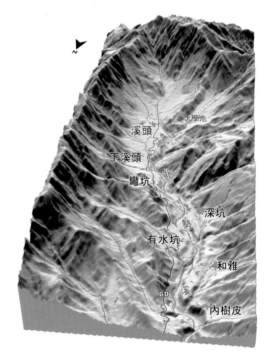

▲ 圖 10-9 南投縣鹿谷鄉溪頭聚落一帶地形立體圖

窪地與相關地名

窪地泛指環境中相對低下的地區，包括常由溪流侵蝕而成的山間小盆地、平原間受沙丘環圍而相對低下的凹地（詳見第一章）等處。例如，位於嘉義縣竹崎鄉的「奮起湖（畚箕湖／糞箕湖）」聚落即位於山間窪地內（圖10-10）。

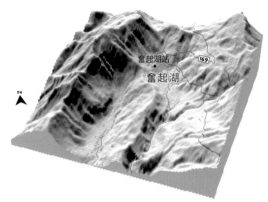

▲ 圖 **10-10** 嘉義縣竹崎鄉奮起湖聚落地形立體圖

直接指稱窪地的地名

位於周圍高而中間低的小盆地的聚落，最常以「湖」字命名。在臺灣，僅有少部分的「湖」指涉湖泊，多數的「湖」都指稱窪地[11]（翁佳音、曹銘宗，2016）。例如：

- 苗栗縣大湖鄉大湖村「大湖」聚落：因聚落位於四面環山、中間低窪之處而得名（許淑娟，2010）。

- 屏東縣林邊鄉竹林村「湖內（芊埔）」聚落：因此處地勢低窪而得名（內政部，2015）。

- 臺中市大里區東湖里「草湖」聚落：地名源自於此地早期爲一處雜草茂生的低濕窪地（內政部，2015）。

- 嘉義縣竹崎鄉中和村「奮起湖（畚箕湖／糞箕湖）」聚落：由於此地爲地勢較低、形似畚箕的山間小盆地，因而得名「畚箕湖」。不過，因閩南語的「畚（pùn）」和「糞（pùn）」同音，故被訛傳誤寫爲「糞箕湖」。日治時期又因「糞箕湖」之名不雅，而易名爲「奮起湖」。至今，當地居民仍稱其聚落爲「畚箕湖（Pùn-ki-ôo）」（內政部，2015；教育部，2011）（圖10-10）。

間接指稱窪地的地名

除了以「湖」指稱窪地之外，有時也會使用「凹」[12]（許淑娟，2010）。例如：

- 新竹縣橫山鄉沙坑村「馬鞍凹」聚落：由於此地所在的山間小盆地形如馬鞍，故得名馬鞍凹（內政部，2015）。

- 嘉義縣竹崎鄉仁壽村「風吹凹（風吹嘔）」聚落：因地勢凹下，且風常常能吹到此地，故得其名（內政部，2015）。

- 屏東縣林邊鄉竹林村「凹仔底」聚落：因本地地勢低窪，有如凹地而得名（內政部，2015）。

與窪地相關的原住民族地名

除了由漢人命名的「湖」、「凹」等聚落地名，原住民族的地名也有與山間小盆地相關者，例如：

- 花蓮縣卓溪鄉立山村「烈克內（lakeni／尼克列）」：布農族稱鍋底為「烈克內（lakeni）」，因此地位於盆地之中，猶如處在鍋底之內而得名（內政部，2018）。

- 花蓮縣瑞穗鄉舞鶴村「迦納納（Kalala／加納納）」部落：阿美族語中的「Kalala」意指籠子、籃子，因部落所在地為窪地，就像位於籃子之中，故得名 Kalala（原住民族委員會，2015）（圖 10-11、照片 10-6）。

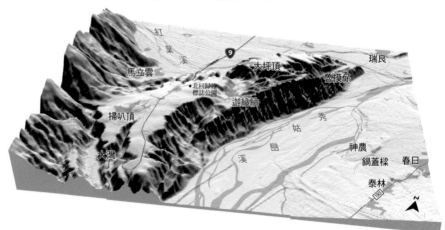

▲ 圖 10-11 花蓮縣瑞穗鄉迦納納部落（**Kalala**）一帶地形立體圖
舞鶴台地前身是紅葉溪堆積的沖積扇，因為板塊碰撞而被推擠隆起，再經紅葉溪與秀姑巒溪的下切而形成現今的台地地形。台地頂部並不平坦，迦納納部落即位在橫切台地的凹地中。

▲ 照片 **10-6** 花蓮縣瑞穗鄉迦納納部落（**Kalala**）的地名意象

在「湖」、「凹」等與盆地相關的聚落地名中，可以發現大多數地名都是以小盆地為準。這很可能是因為小盆地相對於周圍的丘陵山地，具有地形獨特性；相對的，當盆地範圍太大，不但難以一眼望盡，而且盆地中會有許多聚落分布，所以不會作為聚落命名的依據。

瀑布與相關地名

瀑布（waterfall）是指經常性水流通過陡崖時近乎垂直落下的地形。一般而言，瀑布多位於有硬岩與陡崖的河流上游。河道坡度突然變陡的原因很多，最常見的是流經抗蝕力較高的堅硬岩層，也可能因為主支流下切侵蝕速度不同、斷層作用或崩塌土石堰塞河道而形成[13]（石再添等人，2008）。瀑布的水流湍急，若瀑下岩層較軟，瀑水有機會下切侵蝕形成深潭，或回濺沖蝕在瀑身形成凹洞。

在臺灣各河川上游均有機會見到瀑布地形，尤其以基隆河流域的上游地區最為密集，其中新北市平溪區的十分瀑布為臺灣寬度最大的瀑布（照片 10-7）。

◀ 照片 **10-7** 十分瀑布
位於基隆河主流的十分瀑布屬硬岩瀑布，是臺灣少見的垂簾型瀑布，水流豐沛、傾瀉而下的氣勢相當磅礴，有臺灣尼加拉瀑布的美譽。十分瀑布的瀑高約 16 公尺、寬約 30 公尺，下方有長 30 公尺、寬 50 公尺、深度 6 公尺以上的深潭，可謂臺灣最具規模的瀑潭（沈淑敏，1989）。

直接指稱瀑布的地名

檢索內政部《臺灣地區地名資料》，可以篩選出 34 個與瀑布相關的聚落地名條目[14]。其中，有 10 個「漈／礤／際／寨」[15]與 3 個「瀧」[16]直接指稱瀑布地形（內政部，2018；韋煙灶，2020；韋煙灶、李仲民，2017），例如：

- 新北市平溪區新寮里「大漈頂」聚落：當地居民稱十分瀑布為「大漈」（照片 10-7），因此地位於該瀑布的上方而得名（內政部，2018）。

- 苗栗縣三義鄉鯉魚潭村「水寨下」聚落：因聚落附近的景山溪支流上有瀑布，故得此名（內政部，2018）。

- 臺東縣海端鄉海端村「瀧下（Takinusta）」部落：此地於日治時期被日本人稱「瀧ノ下」，意指瀑布之下；據說當時從聚落向西望，可見新武呂溪小支流上的瀑布，不過今日該溪已乾涸，瀑布也不復見（內政部，2018；原住民族委員會，2015）。

- 高雄市杉林區木梓里「白水泉（白水際）」聚落：此地位於楠梓仙溪（旗山溪）的右岸河階，因聚落昔日逢雨季易發生水患，故當地先民在河階崖開鑿洩流口，讓匯集的水流於此宣洩而下，形成一道高懸的瀑布（白水泉瀑布）；聚落也因此而得名為白水際，今名白水泉（內政部，2018）（圖 10-12）。

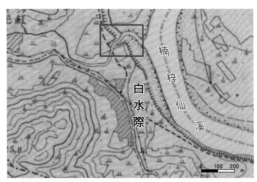

▲ 圖 **10-12** 高雄市杉林區白水泉（白水際）聚落（**1921**）圖中紅框處即為人工開鑿而成的白水泉瀑布。

與瀑布相關的附屬地名

瀑布水流湍急，常於底部形成水潭，有些聚落便以此地形特徵為聚落冠上「潭」或「堀／窟」。以《臺灣地區地名資料》收錄的地名為例（內政部，2018）：

- 新北市平溪區新寮里「大潄堀」聚落：如前述，「大潄」指十分瀑布，由於瀑布下方受水流侵蝕形成一個大深潭，故將附近的聚落命名為大潄堀（照片 10-7）。

- 新北市平溪區嶺腳里「三疊潭（三窟潭／三合潭）」聚落：基隆河主流於嶺腳聚落一帶形成二座瀑布（嶺腳瀑布），有連續三層不同高度的水潭，故得名三疊潭（照片 10-8）。

▲ 照片 **10-8** 兩座嶺腳瀑布與三層水潭（面向西北方、往上游拍攝）
位於基隆河主流的兩座嶺腳瀑布屬於硬岩瀑布，上層瀑布的瀑高 11 公尺、瀑寬達 40 公尺，洪水時甚至可達 55 公尺，寬度相當大（沈淑敏，1989）。兩座瀑布形成高低不同的三層水潭，使此地得名為三疊潭[17]。

▲ 照片 **10-9** 眼鏡洞瀑布
位於基隆河支流月桃寮溪與主流交會處的眼鏡洞瀑布，屬於支流懸谷瀑布，瀑高約 6 公尺（沈淑敏，1989）。

瀑下凹洞可能是因為瀑水回濺沖蝕較軟弱的岩層而形成，也有以此作為聚落地名的案例。例如，新北市平溪區新寮里「眼鏡洞」聚落，由於附近的眼鏡洞瀑布下方受基隆河與瀑水回濺侵蝕而形成兩個凹洞，且中間突出，整體狀似一副眼鏡，故得其名（內政部，2018）（照片 10-9）。

與瀑布相關的原住民族地名

通常出現在河流上游的瀑布多位於原住民族的傳統領域中，可能會以指稱瀑布的族語命名部落。例如：

- 桃園市復興區三光里「鐵立庫（Tgleq ／帖里克／僕列枯）」部落：地名「Tgleq（Tieliku）」於泰雅族語中原意爲瀑布，因部落附近有瀑布而得名（內政部，2018；原住民族委員會，2015）。

- 花蓮縣玉里鎮德武里「下德武（Satefo）」部落：「Matefoko Nanom」是該部落的舊名，在阿美族語中意指「水從高處落下衝到石頭上，水花四濺」的景觀，因該地有瀑布而得此名[18]（內政部，2018；原住民族委員會，2015）。

泥火山與相關地名

泥火山（mud volcano）是由地下同時噴出水、泥與天然氣，在地表形成類似火山形態的小地形。有利於泥火山形成的要素爲可燃氣體、泥岩層、地下水以及裂隙，一旦地底高壓氣體沿地層裂隙向上，經泥岩層和地下水層後混合形成泥漿，再沿地層裂隙向上到達地表噴出、冒出或流出，即形成泥火山。依據泥漿黏稠度與泥火山的形態，臺灣泥火山可分爲噴泥錐、噴泥盾、噴泥池、噴泥盆以及噴泥洞五類，多分布於臺南市、高雄市以及花東縱谷的泥岩區（陳松春，2012；楊貴三、沈淑敏，

▲ 照片 **10-10** 烏山頂泥火山
照片中爲目前呈休眠狀態、高約 3 公尺的噴泥錐（楊貴三、沈淑敏，2010），其錐面因雨水的侵蝕而布滿了紋溝。

2010），例如位於高雄市燕巢區的烏山頂泥火山（照片 10-10）。泥火山雖然因形似火山而得名，但實際上與噴發出岩漿的火山作用並無直接關聯，兩者造成的災害也不可同日而語。

直接指稱泥火山的地名

居民會稱泥火山爲「滾水」、「滾水仔」或「滾水山」，因爲泥火山噴出泥漿時有似熱水沸騰而滾動的形貌及聲音（內政部，2018）。筆者檢索《臺灣地區地名資料》，可篩選出 7 個與泥火山相關的聚落地名條目 [19]，其中，有 5 個就以「滾水」爲名（圖10-13），是直接指稱泥火山地形的地名。例如（內政部，2018）：

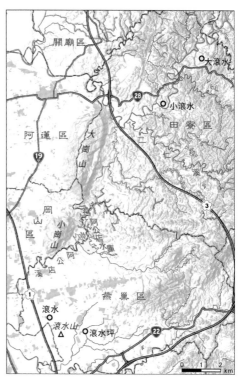

▲ 圖 **10-13** 高雄市田寮區與燕巢區「滾水」地名分布圖

- 高雄市燕巢區角宿里「滾水」與「滾水坪（大滾水坪）」聚落：分別因聚落南方、西方有泥火山而得名（照片10-11）。

- 高雄市田寮區古亭里「大滾水」聚落：由於聚落境內有田寮區內規模最大的泥火山，故以此得名。

- 高雄市田寮區崇德里「小滾水」聚落：因聚落東側有田寮區內規模次大的泥火山而得名。

▲ 照片 **10-11** 高雄市燕巢區滾水坪泥火山（面向東南方拍攝）
滾水坪泥火山位於滾水聚落南方，爲一噴泥錐。

間接指稱泥火山的地名

　　泥火山噴出泥漿時，呈現泡泡狀向上噴湧泥水、可燃氣體和浮油的景象也會成爲地名的命名依據。臺東縣鹿野鄉瑞和村有一處聚落地名稱爲「泡泡」，即以此地形特徵命名，而該地的泥火山也被稱作「泡泡泥火山」（內政部，2018），相當特別！

結語

　　本章依序介紹了與岬灣、分水嶺、山間溪谷、窪地、瀑布、泥火山地形相關的聚落地名用字，整理爲下表供讀者參考（表 10-1）：

▼ 表 **10-1** 本章相關地名用字整理表

地形	直接指稱該地形的地名用字	間接指稱該地形的地名用字
岬角	鼻、角、鼻頭／鼻仔頭／鼻尾／鼻仔尾	
灣澳	澳	灣／彎、垵
分水嶺	分水	
山間溪谷	坑、溝、窩、壢／瀝	
窪地	湖	凹
瀑布	潀／磜／際／寨、瀧	
泥火山	滾水	

　　除了表中所列的地名用字，還有不少生動展現地形特徵的地名，比如以籃子比擬窪地而得名的「迦納納（Kalala）」部落，和以泥火山噴湧泥漿之狀爲名的「泡泡」聚落。此外，也有些地名隱含著不同族群的環境識覺差異，例如閩南人命名的「溪頭」與客家人命名的「坑尾」，都是指稱河谷上游的聚落。地名是臺灣珍貴的文化資產，邀請各位讀者一起踏上探索地名的道路，讓我們從地名認識腳下的每一寸土地。

1 本節首先以「岬角」相關的關鍵字，自《臺灣地區地名資料》聚落類地名的「地名意義」、「地名沿革與文獻歷史簡述」、「地名相關事項訪談內容」，篩選出提及「岬」的地名條目（流程參見第十二章），再逐條閱讀，最後確認有 25 個與岬角地形相關的聚落地名，列於附錄（參見如何使用本書）。

2 「鼻」、「角」亦可用於指稱突出於平原的山嶺尖端（許淑娟，2010）。

3 根據荷蘭人所測製的古地圖，北海岸麟山鼻與富貴角在荷蘭時代一般都被泛稱「Hoek」，前面頂多冠以顏色或前後以示區別。後來漢人在指稱與記錄「富貴角」地名時，也直接音譯並採用吉祥字「富貴」，至於富貴之後的「角」字，恐怕是後人所加。又由於日文漢字的「貴」與「基」發音相同，所以「富貴」有時也寫作「富基」（翁佳音，1998；翁佳音、曹銘宗，2016）。

4 本節首先以「灣澳」相關的關鍵字，自《臺灣地區地名資料》聚落類地名的「地名意義」、「地名沿革與文獻歷史簡述」、「地名相關事項訪談內容」，篩選出提及「灣澳」的地名條目（流程參見第十二章），再逐條閱讀，最後確認有 44 個與灣澳地形相關的聚落地名，列於附錄（參見如何使用本書）。

5 「卯澳」聚落的地名由來共有四種說法，第二種說法為「登高俯視卯澳聚落，其周圍的地形如同『卯』字，加上聚落位於灣澳之內，故取此名」；第三種說法為「聚落附近有一座山稱為『卯里尖』，因聚落位於此山之下的灣澳而得名」；第四種說法為「『卯澳』為平埔族的翻譯音，意指平埔族人捕魚的船」（內政部，2018）。

6 目前「澳圐」聚落已無人居住（內政部，2018）。

7 「垵」為「鞍」之俗體字，意為周邊環丘之馬蹄狀地勢較低的谷地，或指鞍部地形。

8 「牽罟」是一種臺灣傳統的捕魚方法，需要依靠大量人力合作進行。牽罟的進行方式如下：利用魚群最密集靠岸的時候，以小船將漁網拖離海岸並將網放至海中，而漁網的兩端則固定在岸邊，待魚群被圍住後，岸上的人即合力將漁網拉上岸，以捕撈漁獲（教育部，2015）。

9 本節首先以「分水嶺」相關的關鍵字，自《臺灣地區地名資料》聚落類地名的「地名意義」、「地名沿革與文獻歷史簡述」、「地名相關事項訪談內容」，篩選出提及「分水嶺」的地名條目（流程參見第十二章），再逐條閱讀，最後確認有 24 個與分水嶺地形相關的聚落地名，列於附錄（參見如何使用本書）。

10 《淡水廳誌》記載：「磺油出貓裏溪頭內山，油浮水面，其味臭。每日申、酉二時，方可撈取。煎煉之，為用甚廣。」貓裏溪即今後龍溪，由此可知清代先民已知撈取水面浮油加以利用（臺灣經世新報社，1922，頁 497）。

11 閩南語、客家語中的「湖」，傳統用法上都是指窪地，與中文湖泊的意義不同。1945 年後命名或改名的「湖」字地名，才較有機會指稱湖水（翁佳音、曹銘宗，2016）。

12 「凹」也可能為「漯」之會意字，唸成 /lap^{32}/，有低濕地、爛泥巴地之意（韋煙灶，2020）。

13 因岩層軟硬差異而形成的瀑布可分為硬岩瀑布（hard rock waterfall）和帽岩瀑布（cap rock waterfall），前者為瀑頂為硬岩層的瀑布，後者為瀑頂硬岩層覆蓋軟岩層的瀑布；因主流下蝕速度快、支流下蝕速度慢，使支流高懸於主流谷壁流下所形成的瀑布稱為懸谷瀑布（hanging valley waterfall）；而因斷層作用形成的瀑布則稱為斷層崖瀑布（fault cliff waterfall）（石再添等人，2008）。

14 本節首先以「瀑布」相關的關鍵字，自《臺灣地區地名資料》聚落類地名的「地名意義」、「地名沿革與文獻歷史簡述」、「地名相關事項訪談內容」等項，篩選出提及「瀑布」的地名條目（流程參見第十二章），再逐條閱讀，最後確認與瀑布地形相關的聚落地名 34 個，列於附錄（參見如何使用本書）。

15 「潨／磜（/tsai/）」的訛寫爲「際」，又「磜」的諧音別字爲「寨」。「潨／磜」其原意爲「階砌」，引申爲「瀑布」或「河中石堆攔水堰或水壩」（韋煙灶，2020；韋煙灶、李仲民，2017）。

16 日文中稱瀑布爲「瀧」（內政部，2018）。

17 《臺灣地區地名資料》中提到：「地名所指涉的地域爲嶺腳里 3 鄰的範圍，意指三層且相連的深潭。該地名大致位於嶺腳寮聚落南側，即嶺腳瀑布一帶。」（內政部，2018）依地名條目資料所載，附近確實有聚落，但未查到「3 鄰」確切的範圍，從街景路牌推知應位於本照片左側的聚落一帶。若直接套疊地名條目中的坐標（25.027569,121.748881），則地名點位的位置在瀑布上。

18 下德武部落（Satefo）地名由來的另一種說法：「建社時有童子失足，自斷崖墜水而死，擬其墜水之聲取名」（內政部，2015）。

19 本節首先以「泥火山」相關的關鍵字，自《臺灣地區地名資料》聚落類地名的「地名意義」、「地名沿革與文獻歷史簡述」、「地名相關事項訪談內容」，篩選出提及「泥火山」的地名條目（流程參見第十二章），再逐條閱讀，最後確認有 7 個與泥火山地形相關的聚落地名，列於附錄（參見如何使用本書）。

第十一章

再論河階地形與地名

河階是臺灣相當發達的地形，其頂部平坦而且地勢相對較高，在早期水利工程不甚發達的時代，可免河水氾濫之災，是山區河谷地帶聚落與農田分布的主要地區。發達的河階群包含多層寬平的階面與陡窄的階崖，在地景中非常醒目，也常成為聚落命名的依據，本書第三章已經介紹其成因、分布與相關地名。本章將以新社與草屯河階群為例，進一步介紹多階層河階地形與聚落命名，不同方言群之命名用詞的差別，以及一些地名趣事。

新社河階群

新社河階群指位於大甲溪中游新社、東勢及石岡一帶的河階，單從形態上看，大致可分為 5 段高位階地與 3 段低位階地[1]，其中水井、大南、新社及仙塘坪所位處的高位階地有紅土的分布，而石岡、東勢及大茅埔等聚落則坐落於低位階地上（圖 11-1、圖 3-6）。新社河階群在大甲溪左岸的部分，不論是河階面積、階序都遠較對岸發達，而且還受到車籠埔斷層系統的影響[2,3]，水井、大南及新社所在的階面都產生了變形（圖 11-1）。

本區原是泰雅族人的生活場域，清廷曾以「土牛」[4]為界，限制漢人越界侵墾，直到清朝乾隆年間，才有來自大埔縣的墾戶進入開墾[5]。開墾之初，原、漢之間的爭鬥頻繁，清廷政府創設銃櫃[6]，配置隘丁守護，治安整頓之後，漢人移民才逐漸增加，慢慢形成較大規模的客家聚落（陳炎正，2016）。

清領末期新社河階一帶已經發展出許多聚落（圖 11-2），由其聚落名稱也可看出當地的開發歷史與人地關係。鳥銃頭、永居湖、土城等地名反映了漢族與原住民族爭奪生活空間的歷程；七份、十份等地名與先民拓墾時的土地分割有關；上水底寮、下水底寮、下畚箕湖、食水料、山頂、橫屏、水頭、水尾、大南、矮山坪等，是先民根據地形命名的案例；水井仔則是以階崖下方湧泉修築水井，而得以發展聚落的例子。

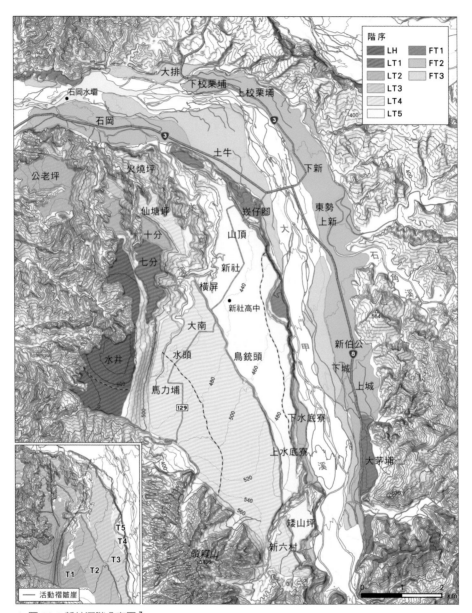

▲ **圖 11-1** 新社河階分布圖[7]

本區受到車籠埔斷層系統的影響，多個階面產生變形，水井面呈穹窿狀，大南面和新社面則略向西北方傾斜（若未受傾動則應向北方或東北方微傾斜）。左下插圖為另一研究的河階劃分方式，認為食水嵙溪西側的陡崖，是由活動構造作用形成的撓曲崖（插圖紅色虛線處），而水井面與大南面的西部（T1，即主圖上黑色虛線以西部分）其實是同一個河階面。

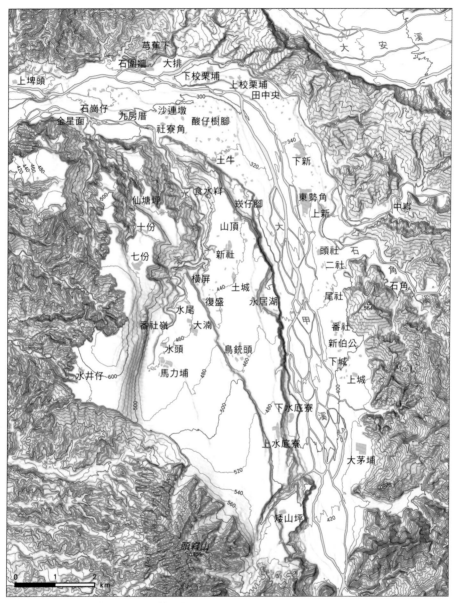

▲ 圖 **11-2** 清領末期新社河階群聚落分布圖
此地的聚落名可以看到直接與河階地形有關的用字，如坪、崁等，還有排、斛、崗、橫屏、伯
公等這些具有客家色彩的地名用字。

河階面上常見的聚落命名

　　「坪」字是臺灣河階地形區常見的聚落地名用字，在新社河階群也不例外，由高到低有二坪（460 至 540 公尺）、頭坪（450 至 480 公尺）、仙塘坪（440 至 500 公尺）與火燒坪（440 至 460 公尺）（圖 11-3、圖 3-6）等聚落。其次還有表示平坦之地的「埔」，常見以入墾前的植被樣貌命名，例如大茅埔[8]、校栗埔[9]等。

　　新社河階群中地勢較高的幾個階面都有紅土[10]，也可能成為地名命名的依據。例如，石岡區「仙塘坪」聚落所在階面的地層為更新世的紅土台地堆積層，其聚落外緣的十分河階崖下有湧泉蓄水成塘，加上泉水受紅土影響，呈現鐵銹色。閩南語漳州腔的「銹（sian）」與「仙（sian）」字同音，故稱水色如鐵銹的池塘為「仙塘」，而得「仙塘坪（Sian-tn̂g-pînn／Sian-tn̂g-pênn）」之名（內政部，2018）（圖 11-3）。

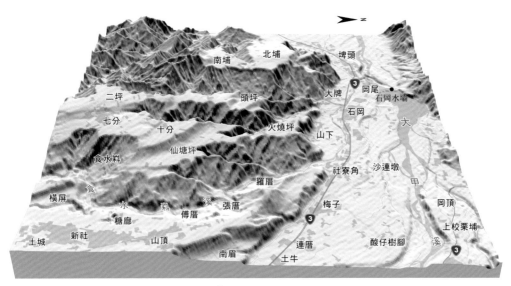

▲ 圖 **11-3** 新社河階群北段（下游段）地形立體圖
河階崖下方常有湧泉產生，而仙塘坪聚落即位於階崖旁。第三章圖 3-6 可見新社河階群較大範圍。

與河階崖有關的聚落命名

在河階地形區，如果聚落緊鄰河階崖，可能以「崁」或「崎」等用字來命名。例如，現今新社區月湖里的範圍包含高低兩層河階面（圖11-4），當地人稱位於高處河階面的聚落為「上崁」，位於低處河階面的聚落為「下崁」（內政部，2018）。

上崁、下崁兩聚落之間的河階崖高差約40公尺，當地人稱此陡崖為「伯公崎」，這是因為客家族群習慣以「伯公」來稱呼土地公，而連結兩聚落之間的道路附近又剛好有座土地公廟之故（照片11-1）。

下崁聚落又稱為「下畚箕湖」，是因為該處河階階面呈弧形，北、西、南三方都被陡峭的河階崖包圍，東側緊鄰大甲溪的階崖則平直，整體樣貌有如早期的掃地用具「畚箕」。國民政府播遷來臺之後，在將村里名改為兩字之時[11]，仍依該處形似半月的地形特徵，命名為月湖，沿用至今（內政部，2018）（圖11-5）。

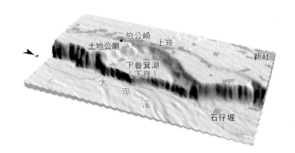

▲ 圖 11-4 上崁、下崁與伯公崎一帶地形立體圖

▲ 圖 11-5 新社區月湖里一帶地形圖

土地公廟

▲ 照片 **11-1** 伯公崎與土地公廟
照片左側道路行經高低兩河階之間的河階崖，可聯絡上崁與下崁聚落，考量行車安全，道路的坡度都修建得
比河階崖坡度為緩。

　　河階崖下常因為地下水面較接近地表，而有湧泉形成（圖 3-9）。新社河階群一帶的
聚落名，除了仙塘坪與泉水有關之外，還有新社區大南里的「大南」聚落。大南舊稱「大
湳」[12]，「湳」字指積水沼澤或鬆軟的泥地，根據當地居民表示，大南里境西邊大南福德
祠前後山丘的土地，昔日曾因河階崖下方湧泉冒出，水塞不通而形成沼澤地，故稱大湳
（內政部，2018）（圖 3-6）。

客家族群慣用的地名用字

　　新社河階群一帶以客家族群為多數，閩南族群人數較少[13]，聚落名也可見到兩種族群
的慣用字。客家族群在中國大陸主要分布於福建、廣東、江西交界的丘陵地帶，在臺灣
分布區的地形特徵和在中國大陸原鄉相似，為聚落命名的用字也很相似。臺灣客家區常
見的地名用字有「背」、「㘃」、「窠」、「壢」、「凹」、「崀」、「排」、「崠」、
「崗」、「肚」、「墩」[14] 等（陸傳傑，2014），其中許多都與丘陵地形有關，例如「圓
墩」、「大排」、「食水㘃」（圖 11-7）等。

對於地形的相對高處與低處，閩南族群較常用「頂」與「腳」指稱，客家族群則多用「上」與「下」，新社河階群就有多處以「上」和「下」來指涉高、低處的地名，例如「上崁／下崁」（圖11-5）、「上坪／下坪」（圖11-6）。又如大甲溪右岸東勢一帶，有「上新／下新」、「上城／下城」、「上校栗埔／下校栗埔」（圖11-2）、「上段／下段」（圖11-8）等成對出現的聚落名稱。除此之外，苗栗也有類似的地名案例，請參見第三章。

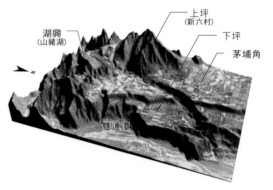

▲ 圖 11-6 新社區上坪與下坪聚落地形立體圖
此區為大甲溪左岸一高一低的河階，坐落其上的聚落分別以「上」、「下」命名。

臺灣客家族群也有獨特的地名用法，例如「橫屏」是指山崗[15]。臺中市新社區復盛里的橫屏聚落，位於大南河階面的河階崖下方，階崖高約 30 公尺，呈西北－東南走向，但聚落北方突然出現陡峭山壁，向東突出形成天然屏障，故聚落得名橫屏（內政部，2018）（圖11-7）。

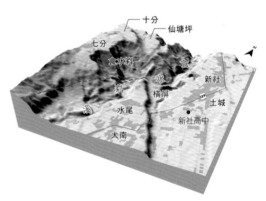

▲ 圖 11-7 新社區橫屏聚落一帶地形立體圖
造成食水料溪西側陡崖的活動構造（斷層轉折褶皺，圖中紅色虛線），恰巧在橫屏聚落附近彎折。

仔細檢視地圖，讀者是否好奇為何在橫屏聚落北方，大南河階的階崖會碰到陡峭山壁戛然而止呢？就如本章前面介紹新社河階群整體地形特徵時所言，食水料溪西側大陡崖是活動構造（斷層轉折褶皺）造成的地表變形，順延著大南河階崖往西北方，在更高的仙塘坪階面上似乎可以連結到另一道階崖（圖11-1、圖11-2），而且此一活動構造恰巧在橫屏聚落附近彎折，其位置也大致吻合聚落北方陡峭山壁向東突出的形勢（圖11-7）。一個聚落地名所呈現的地形特徵與背後的大地構造作用，真的有這樣密切的關聯嗎？這是筆者的推想，有興趣的讀者，可以繼續探究喔！

地名軼事——猛虎跳牆

在臺中市東勢區大茅埔聚落南方，有一處地名「猛虎跳牆」，十分特別。根據地名解釋（內政部，2018），是因為該地地形擬似一隻蹲伏在地上、要伺機躍起的老虎，而「牆」則是指大甲溪對岸約 85 公尺高的河階崖（圖 11-8）。猛虎跳牆是先民自然地理空間格局的風水觀，加上泰雅族出草的傳說[16]，反映了早期大茅埔漢人與泰雅族人的衝突對立（池永歆，2000）。

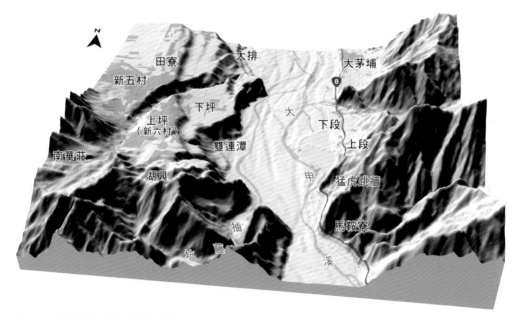

▲ 圖 **11-8** 猛虎跳牆一帶地形立體圖
　大甲溪東岸有一形似老虎的山嶺，而西岸雙連潭附近的河階崖，即傳說中猛虎跳牆所指涉「牆」的位置。

草屯河階群

草屯河階群指位於大肚溪（烏溪）中游的河階，分布於草屯鎮，共計有紅土緩起伏面 1 階、高位階地 5 階、低位階地 4 階（圖 11-9），其中頂城、三層崎所位處的高位階地有紅土的分布，以頂城面範圍最大，雷公山、南埔及北勢湳等聚落則坐落在無紅土分布的低位階地上（圖 3-1）。草屯河階群緊鄰車籠埔斷層的東側，階面也受到影響。

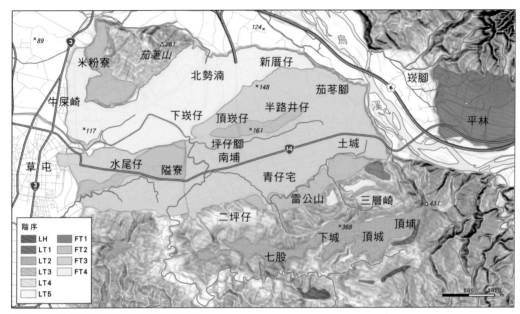

▲ 圖 **11-9** 草屯河階分布圖（烏溪中游）[17]

　　漢族移民在清朝雍正年間即已進入草屯，大致由西邊的平原漸次往東邊的河階地區發展。先來者在水源附近發展聚落，如月眉厝、溪洲、大哮山腳、草鞋墩，後來者則繼續拓墾缺水的荒埔或石頭埔，如北投埔、石川、新莊。平野地帶拓墾完畢，繼續向東，建立內木柵、匏仔寮、隘寮、南埔、土城、北勢湳等聚落，以至烏溪溪底[18]（陳哲三，2001）（圖 11-10）。

■ 雍正年間　◤ 乾隆年間　□ 乾隆～嘉慶　◨ 嘉慶年間　◼ 嘉慶～道光　■ 道光以降

▲ 圖 **11-10** 草屯鎮拓墾進程圖[19]

　　就如新社河階群所介紹，草屯河階群上的聚落名稱也隱含了早期開發歷史與人地互動關係（圖 11-11）。例如，坪仔腳、二坪仔、下崁仔與牛屎崎等地名，反映先民對於河階形貌的認知；隘寮、土城與頂城等地名，呈現早期漢人與原住民族爭奪生活空間的歷史；新厝仔、茄苳腳、坪仔腳等地名用字，則顯示當地以閩南族群（漳州）為主。

▲ 圖 **11-11** 草屯河階群現今的聚落分布圖

與多層河階面有關的聚落地名

　　在臺灣河階地形發達之處，可見到先民依階面高低由下而上依序「編號」命名的案例，例如，大溪河階群有「二層仔（二層）」聚落與「三層」聚落（圖 3-4）。草屯河階群在省道台十四線以南有 5 層河階面，也可以看到類似的狀況，由下而上依序可見「二坪」、「三層崎」和位於最高層的「頂城」、「頂埔」聚落（圖 11-12）。

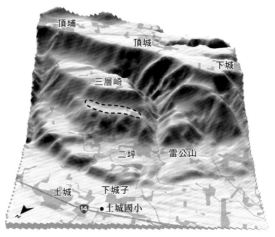

▲ 圖 **11-12** 草屯鎮土城至頂城之間的聚落分布與地形立體圖

草屯與大溪河階群在聚落的命名上，還有兩個有趣的巧合。第一是面積較小的階面常被忽略不計，例如草屯河階群在「三層崎」下方的階面（圖 11-12 虛線標示處）和大溪河階群在大溪高中東側的階面（圖 3-4），這可能是因為階面太小，附近沒有主要聚落分布或墾拓路線未經該地的緣故。第二則是在多層河階的第 1 層，例如「土城」聚落所在階面，都沒有看到以「一」或類似含意命名的聚落（圖 11-12）。至於原因是什麼呢？就留給讀者去推敲囉！

與河階崖、斷層崖有關的聚落地名

前面已經介紹過，聚落若鄰近河階或台地邊緣的地形崖，常見以「崁」為地名，草屯一帶自然也不例外（參見第三章）。例如，位置鄰近的「頂崁仔」與「下崁仔」聚落，分別位在同一道河階崖的頂部與底部（圖 11-11、圖 11-13、照片 11-2）。還有，相對於新社河階群客家族群多以「上」和「下」指涉高、低處的地名，草屯一帶閩南族群則較常用「頂」、「下」或「腳」等字，如「坪仔腳」（圖 11-13、照片 11-2）。

不過，草屯地區有活動斷層通過，這裡除了有呈東西方向的河階崖（大致與烏溪主河道流向一致），還有數道小崖呈南北方向，與烏溪流向大角度相交。例如，「下崁仔」聚落附近有兩道小崖（圖 11-13），較東側的是河階崖，而緊鄰聚落下方的則是活動斷層作用造成的小崖。這道南北延伸又面向東方的陡崖，其實是伴隨車籠埔斷層作用而產生的撓曲崖[20]，也有文獻稱之為隘寮斷層。

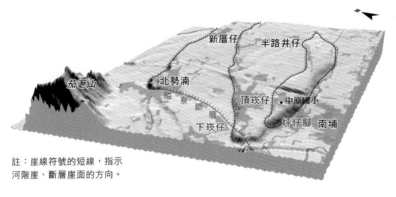

註：崖線符號的短線，指示河階崖、斷層崖面的方向。

◀ 圖 11-13 頂崁仔、下崁仔與坪仔腳聚落一帶地形立體圖
頂崁仔旁河階崖（黑線）面向西北方，崖高約 7 公尺，下崁仔位在此崖下方；同時，下崁仔也位在一道面向東方的小崖上方，崖高約 4 公尺，是活動構造作用造成的撓曲崖（紫線）。

▲ 照片 **11-2** 頂崁仔、下崁仔與坪仔腳聚落一帶（面向東方拍攝）

隘寮斷層的名稱，是以位於「下崁仔」
南方的聚落「隘寮」命名的（圖 11-11）。
這個地名也反映了漢人在本區的拓墾歷史，
顯示清代草屯一帶仍為漢族與原住民族交
界處，而有守隘的需求（張家綸，2008）。
這條因為活動構造作用造成的面向東方的

▲ 圖 **11-14** 隘寮聚落一帶地形立體圖
隘寮聚落旁之崖高可達 **20** 公尺。

陡崖（圖 11-14、照片 11-3），可以居高臨下的觀察原住民的動靜，具有防禦的優勢，而
成為先民建立聚落的地點。

▲ 照片 **11-3** 隘寮聚落一帶（面向北方拍攝）
圖中虛線標示隘寮斷層經過的大致位置，可以看見省道台十四線經過隘寮聚落附近時，有一個緩坡爬升。為
了行車安全，道路穿過陡崖時都會修築得較緩，兩旁的陡崖則維持較自然的形貌。

沿著隘寮斷層從「下崁仔」往北,可見「北勢湳」聚落(圖 11-15、照片 11-4)。此聚落曾為清朝同治年間的古戰場,即 1864 年戴潮春部屬洪欉對戰清軍之處。根據記載,古戰場的形勢險阻,而且周遭種植刺竹重疊,有利與清軍抗衡,直到清軍在「頂崁仔」架設礮砲,轟擊重創「北勢湳」,才結束戰事(呂士朋等人,1986)。

觀察北勢湳聚落形勢,其北側河階崖高約 23 公尺、穿過聚落的隘寮斷層(撓曲崖)高度也有 5 公尺左右,可謂居高臨下。此外,當地耆老曾言該處崖下沼澤,有利於當年對抗清軍[21],而且 1999 年集集地震後某次豪雨此地也曾淹水,顯示此撓曲崖阻擋本區整體向西的流水,

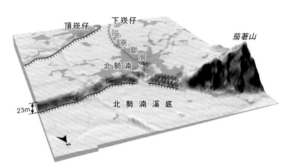

▲ 圖 11-15 北勢湳聚落一帶地形立體圖

以致於較易積水成災[22]。聚落以「湳」為名時,常表示附近有低濕之地,但北勢湳[23]的「湳」字所意味的低濕之狀,是指聚落北方河階崖下緊鄰烏溪的氾濫平原[24]?還是指北勢湳聚落東側因撓曲崖阻水而造成的局部濕地呢?值得進一步的考證。

▲ 照片 11-4 北勢湳聚落一帶(面向南方拍攝)
　　圖中虛線標示隘寮斷層經過的大致位置,斷層穿過北勢湳聚落,形成約 5 公尺高的崖,而聚落北方的河階崖則高約 23 公尺(照片近景處)。照片遠處天際線為南方的頂城河階(參見圖 11-11、圖 11-12)。

地名趣事——牛屎崎

在本書第三章曾提到，「崎」在臺灣常指涉河階崖或台地崖，不過，草屯鎮御史里「牛屎崎」聚落的「崎」其實是指由車籠埔斷層錯動所形成的斷層崖。牛屎崎聚落的地名可以追溯到清代，當時來此開墾的漢人主要仰賴牛隻犁田（陳哲三，2001），茄荖山一帶為放養牛隻的牧場。當地居民牽引牛隻往返茄荖山牧場時，都需要經過數道南北向的陡崖，由於崖坡陡峭，牛隻爬坡時常會因用力過猛而排出糞便，以致於坡道上經常布滿牛糞，而得名牛屎崎[25]（內政部，2018）（圖 11-16、照片 11-5、照片 11-6、照片 11-7）。

因為類似原因而被稱為「牛屎崎」的地名，在臺灣各地不算少見，而且「牛屎」也常被雅化為「御史」，例如草屯鎮茄荖山周圍地區的御史里、新竹市東區的御史崎、新北市五股區的御史路等。

▲ 照片 **11-5** 草屯鎮牛屎崎聚落一帶（面向東北方拍攝）
照片中的黃色虛線標示斷層崖大致的經過位置，與其直交的道路在經過斷層崖時坡度明顯變陡，如僑光街（紅色圓圈處），該處也是過去居民牽引牛隻前往茄荖山牧場的路線之一（參見照片 **11-6**），陡坡頂端還建有「牛屎崎」地名的石碑（參見照片 **11-7**）。

▲ 照片 **11-6** 草屯鎮僑光街的陡坡
此陡坡即為車籠埔斷層崖通過的位置。

▲ 照片 **11-7** 草屯鎮牛屎崎聚落的地名意象

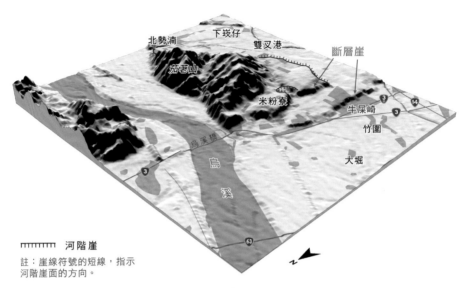

河階崖
註：崖線符號的短線，指示
河階崖面的方向。

▲ 圖 **11-16** 草屯鎮御史里牛屎崎聚落一帶地形立體圖
牛屎崎聚落以東有數道斷層崖，早期居民趕牛到茄荖山牧場，牛隻奮力爬上這幾道陡崖時常排
便，而得此地名。

結語

　　河階地形在臺灣相當發達，寬平的階面與陡窄的階崖也常成為聚落命名的依據。承
本書第三章的介紹，本章以新社與草屯河階群為例，進一步說明了多階層河階地形與聚
落命名的關係，以及客家與閩南族群在命名時的用字差別。地名是人地互動的產物，雖
然先民未對河階進行系統性的地形學研究，但自有一套看待地表形貌的知識體系。地名
會不斷地增加或消失，探究地名的緣起、分布與變化，也是進行深度之旅的一種方式，
歡迎大家一起來書寫地名與環境的故事。

1 不同學者對本區河階的階序對比有不同見解，此處係參考楊貴三與沈淑敏（2010）以呈現新社的多階層河階特徵。

2 岩層破裂且沿破裂面兩側有顯著的相對移動者稱爲斷層（fault），臺灣位處歐亞板塊與菲律賓海板塊的碰撞帶，斷層活動頻繁，斷層崖等活動構造地形發達。斷層崖（fault scarp）是指正斷層或逆斷層造成兩側岩盤不等量抬升而形成的崖狀地形，其高度相當於斷層活動的垂直分量。「斷層崖」與「河階崖」不同之處主要有二：其一，斷層崖較平直，河階崖較不規則（河階崖常因曲流擺動而呈弧形彎曲）；其二，斷層崖常與河流流向或河階崖相切，河階崖則大致與河流平行（石再添等人，2008；劉聰桂主編，2018）。斷層面未發展至地表時，稱爲盲斷層，其若造成地表形成陡崖，則稱爲「撓曲崖」。

3 臺灣中部麓山帶的地質構造乃一典型覆瓦狀排列的褶皺—逆衝斷層帶，地層尚未受到變質作用，但已受到開放型褶皺作用的變形。車籠埔斷層位於臺中盆地之東緣，爲一低角度逆斷層，全長約 80 公里，該斷層於 1999 年活動引發了集集地震（經濟部，2014）。

4 在朱一貴事件後，清廷立石劃界、挑挖深溝、築土做堆，以區隔番漢，稱爲「土牛溝」或「土牛」，禁止漢人越界侵墾。劃界之初曾使用紅筆在地圖上畫線，標示番界經過之地，習慣上「紅線」指稱地圖上之無形番界，而以「土牛」代表地表上有形的界線，二者合稱「土牛紅線」（溫振華、戴寶村，2019）。

5 大埔縣墾戶曾安榮、何福興、巫良基等，由東勢角、水底寮等處入墾。

6 一種碉堡式建築，牆上預留有射擊孔，以作防禦之用。

7 本圖階面範圍與階序係參考楊貴三與沈淑敏（2010）一書，呈現多層河階面的特徵；左下插圖係參考 Le Béon 等人（2014），呈現另一種河階面的劃分方式，以及活動褶皺崖（active fold scarp）的位置。水井面呈穹窿狀，大南面和新社面則略向西北方傾斜，而且下游比上游還高（仙塘坪面雖高於大南面，但應爲同一河階）。本區河階面發生地表變形的原因，有認爲是伴隨車籠埔斷層的推起構造（pop-up structure），如 Tsai 與 Sung（2003），或認爲是斷層轉折褶皺（fault-bend fold）的作用造成，如 Lai 等人（2006）與 Le Béon 等人（2014）。目前多認爲食水料溪西側的陡崖，是由斷層轉折褶皺造成的地表變形—斷層褶曲崖或撓曲崖，此崖高度在南段水井一帶超過 100 公尺，崖面保持較佳，而北段則已受到侵蝕。亦即，有時斷層前端未切穿到地表，但淺處地層的褶皺作用仍可能造成地表變形。

8 地處大甲溪東岸低位河階上，先民入墾前，爲廣布茅草的荒埔，故得名（內政部，2018）。

9 「校栗」指栓皮櫟樹，爲殼斗科苦櫧屬的一種。

10 臺灣位處熱帶與副熱帶的交界，氣候濕潤且乾濕季交替明顯，在此種氣候條件之下，旺盛的聚鐵鋁化作用，促使高度育化的土壤多呈現紅棕色或鐵鏽色，俗稱紅土，而高位河階面上便具有紅土覆蓋的特徵。

11 日治時期時，下夆箕湖改稱「永居湖」，其中「永居」二字反映出當時移民進墾時，面臨原漢衝突的危險之下，祈求平順安居的心理（內政部，2018）。

12 早在清領時期即有「大湳莊」，翻閱明治版〈臺灣堡圖〉上亦可見到「大湳」之地名，然而在大正版〈臺灣堡圖〉上，大湳已以紅字標示更名爲「大南」。

13 根據《石岡鄉志》記載，客家人口數約佔石岡區總人口數的 85%、新社區總人口數的 95%、東勢區總人口數的 73%（陳炎正，1989）。

14 墩（屯）被認爲是臺灣客式的地名用字，意指小丘，在臺灣的客家語通行區出現比例遠大於閩南語通行區（但在閩式地名中也略有所見），但是在原鄉閩南及粵東閩南語區，使用的情況卻比客家語區普遍（韋煙灶，

2020），直至 1920 年，日本人在臺灣從事街庄改正時，將「墩」改爲「屯」。

15 橫屏在客語中指入新房時懸掛祝賀的紅布簾。

16 清領時期開始，漢人逐漸移入此區進行開墾事業，與原住民族發生不少紛爭，而猛虎跳牆的地名意涵中，亦隱含著一種衝突、對立的風水觀。學者池永歆（2000，頁 179）曾對大茅埔地方的構成及其聚落空間做出研究，他的研究中提到村民對猛虎跳牆的風水地理：「據說清朝時一位地理師看到此猛虎跳牆的好地理，就將其推薦給豐原廖家來此做一門風水。廖家聽從風水師的建議，將祖先的墳墓，遷葬於此，盼能因此一好地理帶來家運昌隆、財源不斷。這門墳墓做好要『進金』的當天，地理師特別囑咐不能放鞭炮。主要係風水師認爲這是『虎穴』，怕因放鞭炮會驚醒老虎，帶來其家族的厄運。但廖家不聽從風水師的勸告，認爲他們是有錢人家，怎能不風風光光地舉行祖先遺骸遷葬的進金儀式，因此執意要放炮。地理師無可奈何，只得告訴廖家，若他們堅持要放鞭炮，等他走後再燃放。在廖家不聽勸阻下，當時地理師只好攜帶一位孕婦先行遠離。不久廖家興高采烈地放了一大堆鞭炮，想不到放了鞭炮後，說巧不巧，原本就躲於山上伺機要出草的泰雅族人，趁此機會，立即下山，把當時在場者全部殺掉。倖存者只有先走的地理師與孕婦。」

17 本圖階面範圍與階序係參考楊貴三與沈淑敏（2010）一書，以呈現多層河階面的特徵。

18 文中提及多爲清代地名，有些已難找到確切位置，惟規模較大之街、庄位置可參見圖 11-10。

19 本圖係參考《草屯鎮志》（呂士朋等人，1986）記載之拓墾進程繪製之。

20 隘寮一帶的撓曲崖（指隘寮斷層）是車籠埔斷層的次生構造，可能是地表下的背衝斷層所造成，但斷層前緣並未穿出地表，而是形成類似單斜的撓曲崖（經濟部，2014）。

21 參考國立彰化師範大學地理學系楊貴三個人通訊（2021 年 7 月 7 日）。

22 集集地震後隘寮聚落附近淹水，是支持整體地形向西傾斜，隘寮斷層崖阻水的案例。根據《彰投地區隘寮溪排水整治及環境營造規劃》記載，民國 89 年 8 月 2 日下午 3 時草屯地區下起大雷雨（降雨量高達 138mm/day），由於降雨時短、雨量集中，加上集集地震之影響，隘寮溪部分河段隆起以及護岸部分損壞，影響隘寮溪之排洪能力，造成中原里及富寮里部分地區因無法排洪而形成一片水鄉澤國，淹水深度一度達 130 公分（經濟部水利署，2008）。

23 根據《臺灣地區地名資料》的「北勢湳」地名條目所載，該聚落名意指「土城平原北方之湳地；此地位居烏溪沖積平原上方，地勢低窪，烏溪堤防未築成之前，雨後地表經常泥濘難行……」（內政部，2018）。若以現今「土城」聚落所在位置來看，「土城平原」似乎指土城或北勢湳聚落所在河階面（階面高出烏溪主河道 20 公尺以上），而「北方之湳地」似乎指聚落附近河階崖下的氾濫平原（有些地圖標示北勢湳溪底一帶），因其位居烏溪沖積平原上方，且「雨後地表泥濘難行狀況」在「烏溪堤防修築後」獲得改善。

24 以烏溪中游河谷的地形特性來看，當地氾濫平原在堤防還未興建之前，整個河床應該是發達的網流形態，而且礫石顆粒粗，照理說不易形成沼澤。

25 本書作者之一陳銘鴻於 2021 年 1 月 24 日訪問牛屎崎在地耆老，李秀鳳女士（70 歲）分享過去曾親眼見過，牛隻爬坡時因用力過猛而排便，以致於路上布滿牛糞的場景。

第十二章

地名資料整理與地名分布圖繪製

　　本書所採用的地名資料，均取自內政部地政司公布的《臺灣地區地名資料》[1]，地名篩選與展示則分為三個步驟：一、地名資料取得；二、地名篩選分類；三、相關地名點位全臺分布圖的繪製（圖 12-1）。本書各章以此作法繪製的主題地圖，列於各章之末，篩選出的地名則列於附錄。

　　《臺灣地區地名資料》收錄的地名，包含不同比例尺經建版地形圖上的地名，以及多項地名、地圖的研究成果，例如：清代各古地圖地名總集、臺灣地名辭書、臺灣堡圖地名、地方地名調查等，截至本書 2018 年 12 月下載為止，該資料庫共收錄 157,537 筆地名[2]。本書選用其中的「聚落類」地名，共計 43,954 筆，主要考量是早期自然形成的聚落，較能反映先民基於環境感受的命名依據，而且也比較容易確認所在位置。

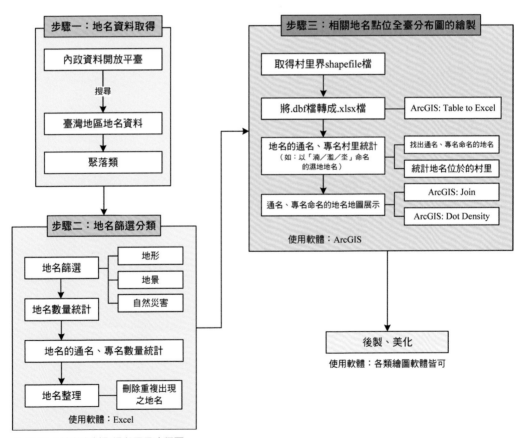

▲ 圖 12-1 地名資料取得與展示流程圖

　　地名一般可分爲通名和專名兩個部分。通名一般爲名詞，代表地名的共通性，以本書而言，例如「崙」、「洲」、「坪」、「崩」、「湳」等；專名則多是形容詞或名詞。中文地名以「專名在前、通名在後」較爲常見，例如，左腳坪、大崩等。本書採用的通名、專名，主要參考《臺灣全志（卷二）土地志地名篇》所列出者。以下將依序說明操作的步驟，提供有意自行篩選地名或製作主題地圖者參考。

步驟一：地名資料取得

　　「內政資料開放平臺」收錄了許多與內政相關的資料，其中「地名」爲內政資料之一。查詢步驟如下：

（一）於網路上搜尋「內政資料開放平臺」（圖 12-2）

◀ 圖 **12-2** 內政資料開放平臺搜尋視窗

（二）地名資料下載

　　進入網頁後，於搜尋資料集中搜尋《臺灣地區地名資料》[3]，可得到 5 個資料集（圖 12-3），點選進去即可下載。每個檔案皆爲 csv 檔，可使用 Microsoft Excel 軟體開啟。

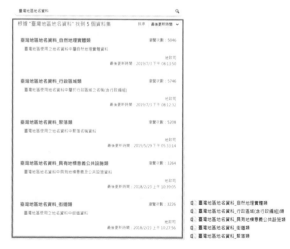

▶ 圖 **12-3** 「內政部資料開放平臺」
地名資料查詢結果

步驟二： 地名篩選分類

　　本書採用 Microsoft Excel 軟體篩選所需的地名條目，雖然步驟看似繁瑣，但該軟體較容易取得，而且操作門檻較低，可適用於大多數人。

（一）資料內容

　　《臺灣地區地名資料》共計有 19 個欄位，以下只呈現與本書相關的 11 個欄位，並將之區分為「地名名稱」、「地名緣由」和「地名位置」三大類（表 12-1、圖 12-4）。

▼ 表 12-1 臺灣地區地名資料聚落類主要欄位

分類	資料欄位
地名名稱	1.【Place_name（地名名稱）】 2.【Chinese_phonetic（漢語拼音）】 3.【Common_phonetic（通用拼音）】 4.【Another_name（地名別稱）】
地名緣由	1.【Place_mean（地名意義）】 2.【History_describe（地名沿革與文獻歷史簡述）】 3.【Place_content（地名相關事項訪談內容）】
地名位置	1.【County（縣市）】 2.【Town（鄉鎮市區）】 3.【Village（村里）】 4.【XY 軸座標】

Place_name	Chinese_phonetic	Common_phonetic	Another_name
地名名稱	漢語拼音	通用拼音	地名別稱
來義	Laiyi	Laiyi	西部落
丹林	Danlin	Danlin	大丹林
中丹林	Zhongdanlin	Jhongdanlin	
小丹林	Xiaodanlin	Siaodanlin	復興社區
義林	Yilin	Yilin	義林社區
大後	Dahou	Dahou	
古樓	Gulou	Gulou	
文樂	Wenle	Wunle	

❶ 地名名稱

Place_mean	History_describe	Place_content
地名意義	地名沿革與文獻歷史簡述	地名相關事項訪談內容
社名???????	即西部落，排灣族語稱為?	
社名??????	或稱為大丹林，位於來義淺	
地名稱為??	為一規模較小的居住點，且	
小丹林稱為	沿山麓形成線形聚落，與c	
	位於大後溪與內社溪會合處	
社名???? （	本處為線形集居式聚落，為	
古樓社（??	本區大致以鄉公所為準，分	
文樂社或寫	位於村之西側山麓，地形上	

❷ 地名緣由

County	Town	Village	X	Y
所屬縣市	所屬鄉鎮市區	所屬村里	X坐標	Y坐標
屏東縣	來義鄉	來義村	120.65	22.528
屏東縣	來義鄉	丹林村	120.64	22.517
屏東縣	來義鄉	丹林村		
屏東縣	來義鄉	丹林村		
屏東縣	來義鄉	義林村		
屏東縣	來義鄉	義林村		
屏東縣	來義鄉	古樓村	120.65	22.542
屏東縣	來義鄉	文樂村	120.64	22.488

❸ 地名位置

▲ 圖 12-4 本書使用之《臺灣地區地名資料》表格內容舉例

（二）地名篩選與統計

　　若要從《臺灣地區地名資料》的表單中找到哪些地名具有某個特定的用字，最直接的方法就是以關鍵詞（通名、專名）搜尋「地名名稱」的四個欄位，例如，以「坪」或「湳／濫／坔」等搜尋聚落命名緣由和「河階」或「濕地」有關的地名條目。不過，也有許多實際上與地形、地景或自然災害相關，但是從地名字面上無法直接意會的地名，可能會被忽略。

　　因此，就本書的目的而言，有些聚落名雖然沒有包含特定的「通名、專名」，如「坪」或「淊／濫／垙」，但其聚落命名緣由可能還是與「河階」或「濕地」有關，也需要篩選出來，例如，新竹市北區古賢里「牛肚巷」聚落命名與周邊的濕地環境有關。為此，本書以地形、地景或自然災害相關的專有名詞，篩選「地名緣由」的三個欄位，例如，「河階」、「濕地」等，作為各章節地名案例舉例依據。

　　以上取得地名條目，必然有重複者，應該予以刪除，而且為了要確認所篩選出來的聚落地名確實有關，必須逐條閱讀「地名緣由」各欄位的內容，進一步則要在各式古今地圖上找到各聚落位置，並檢視聚落環境是否符合該條目的說明。

　　以下首先介紹以關鍵詞篩選相關地名條目，其次以「通名、專名」為關鍵詞歸納相關的地名條目，最後為排除重複的地名條目。

1. 以地形、地景或自然災害關鍵詞篩選相關地名條目

　　此步驟是要判斷各地名條目的【地名意義】、【歷史沿革與文獻歷史簡述】或【地名相關事項訪談內容】中的任何一個欄位，是否包含所欲搜尋的地形、地景或自然災害關鍵詞，也就是三個欄位的聯集結果。

=IF(OR(ISNUMBER(FIND(" 關鍵詞 ",Place_mean 欄位)),
ISNUMBER(FIND(" 關鍵詞 ",History_describe 欄位)),
ISNUMBER(FIND("關鍵詞 ",Place_content 欄位))),1,0) ‧‧‧‧‧‧‧‧〔公式 1〕
解釋：此公式主要利用了「IF」和「OR」搭配「ISNUMBER」和「FIND」尋找各地名條目的「地名緣由」欄位中有無出現關鍵詞，只要一個欄位（含以上）有出現，則結果為 1，否則為 0。

=SUM(地名第一欄:地名最後一欄) ‧‧‧‧‧‧‧‧‧‧‧‧‧‧‧‧‧‧‧‧‧‧‧‧〔公式 2〕
解釋：由公式 1 可得到 0 與 1 值之欄位。透過公式 2 加總該欄位，其總和則為欲找尋的關鍵詞地名總和。

　　在《臺灣地區地名資料》聚落地名的表單中，插入一空白欄；於每一地名條目的空白欄位中，輸入〔公式 1〕；並在該欄最上面，輸入〔公式 2〕（圖 12-5）。若有關鍵詞，設定顯示數字 1；若沒有，則顯示數字 0。數字 1 與 0，是為了後續統計及篩選，所給予的值。〔公式 2〕則是為了顯示該關鍵詞搜尋結果的加總。

Place_name	Another_name	Place_mean	History_describe	Place_content	濕地地名
地名名稱	地名別稱	地名意義	地名沿革與文獻歷史簡述	地名相關事項訪談內容	134 ← 公式二
來義	西部落	社名??????	即西部落，排灣族語稱為?		0 ← 公式一
丹林	大丹林	社名??????	或稱為大丹林，位於來義浄		0
中丹林		地名稱為??	為一規模較小的居住點，目		0
小丹林	復興社區	小丹林稱為	沿山麓形成線形聚落，與C		0
義林	義林社區		位於大後溪與內社溪會合處		0
大後		社名???? (	本處為線形集居聚落，清		0
古樓		古樓社（??	本區大致以鄉公所為準，分		0
文樂		文樂社或寫	位於村之西側山麓，地形		0
南和			為一棋盤狀規劃整齊的集居		0
春日			本處鄰近枋寮鄉界，有產業		0

公式一：= IF(OR(ISNUMBER(FIND("濕地",Place_mean欄位)),
       ISNUMBER(FIND("濕地",History_describe欄位)),
       ISNUMBER(FIND("濕地",Place_content欄位)),
       ISNUMBER(FIND("沼澤",Place_mean欄位)),
       ISNUMBER(FIND("沼澤",History_describe欄位)),
       ISNUMBER(FIND("沼澤",Place_content欄位))),1,0)

公式二：= SUM(地名第一欄：地名最後一欄)

▲ 圖 12-5 濕地地名篩選操作範例

與濕地相關地名關鍵詞為「濕地」、「沼澤」，在空白欄位新增〔公式1〕與〔公式2〕。在「地名緣由」欄位中包含「濕地」或「沼澤」[4]的聚落地名，經初步篩選共134個。

2. 以通名、專名爲關鍵詞歸納相關地名條目

此步驟是要判斷各地名條目的【地名名稱】中，是否包含所欲搜尋的地名用字。由於本書以中文地名爲準查詢，所以只搜尋【地名名稱】和【地名別稱】兩欄。

具體作法是在《臺灣地區地名資料》聚落地名的表單中，插入一空白欄；於每一地名條目的空白欄位中，輸入〔公式3〕；並在該欄最上面，輸入〔公式4〕（圖12-6）。

=IF(OR(ISNUMBER(FIND(" 通 名、專 名 ", Place_name 欄 位)),ISNUMBER(FIND(" 通 名、專 名 ", Another_name 欄位))),1,0) ·· 〔公式3〕

=SUM(通 名、專 名第一欄：通 名、專 名最後一欄) ·· 〔公式4〕

Place_name	Another_name	Place_mean	History_describe	Place_content	濕地地名	湳/濫/坔	
地名名稱	地名別稱	地名意義	地名沿革與文獻歷史簡述	地名相關事項訪談內容	134	210	●—公式四
來義	西部落	社名??????	即西部落，排灣族語稱為?		0	0	●—公式三
丹林	大丹林	社名??????	或稱為大丹林，位於來義溪		0	0	
中丹林		地名稱為??	為一規模較小的居住點，且		0	0	
小丹林	復興社區	小丹林稱為	沿山麓形成線形聚落，與中		0	0	
義林	義林社區		位於大後溪與內社溪會合處		0	0	
大後		社名???? (	本處為線形集居式聚落，為		0	0	
古樓		古樓社 (??	本區大致以鄉公所為準，分		0	0	
文樂		文樂社或寫	位於村之西側山麓，地形上		0	0	
南和			為一棋盤狀規劃整齊的集居		0	0	
春日			本處鄰近枋寮鄉界，有產業		0	0	

公式三：= IF(OR(ISNUMBER(FIND("湳",Place_name欄位)),
　　　　　ISNUMBER(FIND("湳",Another_name欄位)),
　　　　　ISNUMBER(FIND("濫",Place_name欄位)),
　　　　　ISNUMBER(FIND("濫",Another_name欄位)),
　　　　　ISNUMBER(FIND("坔",Place_name欄位)),
　　　　　ISNUMBER(FIND("坔",Another_name欄位))),1,0)

公式四：= SUM(通名、專名第一欄：通名、專名最後一欄)

▲ 圖 **12-6** 通名、專名篩選操作範例
　以「湳／濫／坔」字為範例，初步篩選出包含「湳／濫／坔」通名的聚落地名共有 210 個。

3. 關鍵詞篩選與通名、專名篩選結果取交集

　　由於前兩步驟為獨立操作，因此此步驟是將篩選出來的結果，藉由交集的方式找出以特定通名、專名所命名的地形、地景或自然災害相關地名〔公式 5〕（圖 12-7）。

=IF(AND(地形或自然災害相關地名 =1, 通名、專名 =1),1,0)⋯⋯⋯⋯⋯⋯⋯⋯⋯〔公式 5〕

Place_name	Another_name	Place_mean	History_describe	Place_content	濕地地名	湳/濫/坔	交集	
地名名稱	地名別稱	地名意義	地名沿革與文獻歷史簡述	地名相關事項訪談內容	134	210	29	
來義	西部落	社名??????	即西部落，排灣族語稱為?		0	0	0	●—公式五
丹林	大丹林	社名??????	或稱為大丹林，位於來義溪		0	0	0	
中丹林		地名稱為??	為一規模較小的居住點，且		0	0	0	
小丹林	復興社區	小丹林稱為	沿山麓形成線形聚落，與中		0	0	0	
義林	義林社區		位於大後溪與內社溪會合處		0	0	0	
大後		社名???? (	本處為線形集居式聚落，為		0	0	0	
古樓		古樓社 (??	本區大致以鄉公所為準，分		0	0	0	
文樂		文樂社或寫	位於村之西側山麓，地形上		0	0	0	
南和			為一棋盤狀規劃整齊的集居		0	0	0	
春日			本處鄰近枋寮鄉界，有產業		0	0	0	

公式五：=IF(AND(濕地地名=1,湳/濫/坔=1),1,0)

▲ 圖 **12-7** 濕地地名與通名、專名取交集操作範例
　由濕地地名和「湳／濫／坔」取交集，即可得到以「湳／濫／坔」命名的濕地地名，總共有 29 個。

4. 移除重複地名條目[5]

在地名欄位，使用篩選（如從 A 到 Z 排序），找到相同的地名，依地名解釋或所在行政區判斷重複與否（圖 12-8）。該步驟篩選的結果，即是本書附錄〈地名列表〉的地名來源。

	Place_name	Chinese_phonetic	Common_phonetic	Another_name	County	Town	Village
11765	坔田				臺南市	東山區	高原里
11830	坔田	?Tian	?Tian		臺南市	東山區	高原里
11833	坔田	?Tian	?Tian		臺南市	東山區	高原里

▲ **圖 12-8** 不同編號重複出現的地名
與濕地相關的 134 個地名中，內容完全相同的「坔田」出現三次，但是地名條目編號不同，會導致重複計算，需要移除。

步驟三：相關地名點位全臺分布圖的繪製

本書在前幾章製作了相關聚落地名的全臺分布圖，但其實從《臺灣地區地名資料》篩選得到的聚落地名，大多沒有確切座標資料。本書各章中特別舉出的案例，作者均逐一比對古今地圖，但查詢核對相當費時。考量本書全臺灣分布圖的成圖不大，故改以聚落所在行政村里代表其位置。這樣的作法，雖然聚落位置不夠精準，不過以呈現相關地名的全臺空間分布而言，還可接受[6]。以下採用地理資訊系統（GIS）的作業流程，以 ArcMap 10.5 進行示範。

（一）村里檔案的取得與匯入 **ArcMap**

村里檔案可於「政府資料開放平臺」[7]中的「村里界圖（TWD97 經緯度）」搜尋。

1. 於網頁中搜尋「村里界圖」並下載 shapefile 檔案（圖 12-9）

◀ **圖 12-9** 村里界圖下載頁面

2. 下載後，將所有檔案解壓縮至資料夾，開啟 ArcMap，將村里界圖層加入（圖 12-10）。

▲ 圖 **12-10** 村里界圖層加入 **ArcMap**

（二）**dbf** 檔轉換成 **xlsx** 檔

將村里界 shapefile 檔案 dbf 格式[8]，轉換成 Excel 的 xlsx 格式。這個步驟主要是為了取得村里界圖檔案中，各村里的「共同屬性欄位」，即每個村里所專屬的編號（【VILLCODE】）。如此，在後續地名之村里統計的【Join】步驟上，才能夠將相同屬性的欄位對應起來。流程如下：

1. 於【Search】中輸入【Table to Excel】（圖 12-11）。

2. 於【Input Table】下拉選項中，點選之前加入的村里界圖層檔案，並選擇所要儲存檔案的路徑，輸出為 Excel (xlsx) 檔案類型檔案類型（圖 12-12、圖 12-13）。

▲ 圖 **12-11** 【**Table to Excel**】搜尋方法

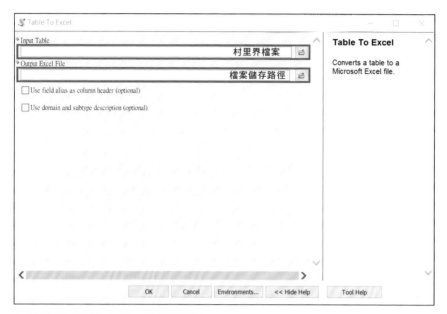

▲ 圖 12-12 【Table to Excel】操作界面

FID	VILLCODE	COUNTYNAME	TOWNNAME	VILLNAME
0	10013030S01	屏東縣	東港鎮	
1	64000130006	高雄市	林園區	中門里
2	64000130008	高雄市	林園區	港埔里
3	64000100010	高雄市	旗津區	上竹里
4	64000100013	高雄市	旗津區	中興里
5	09007010006	連江縣	南竿鄉	津沙村
6	09007010007	連江縣	南竿鄉	馬祖村
7	09007010009	連江縣	南竿鄉	四維村
8	09007020002	連江縣	北竿鄉	后沃村
9	10013020003	屏東縣	潮州鎮	新榮里
10	10013020004	屏東縣	潮州鎮	新生里
11	10013020005	屏東縣	潮州鎮	光華里
12	10013020006	屏東縣	潮州鎮	彭城里
13	10013020007	屏東縣	潮州鎮	三星里

▲ 圖 12-13 輸出的 **xlsx** 檔中各村里之代表編號
打開輸出的檔案（屬性資料），【VILLCODE】即為各村里所代表的編號。

（三）統計相關地名（以村里為單位）

　　由於無法得到地名的實際座標位置，因此這個階段是要將某一通名、專名所代表的地名，計算地名在村里中的數量，以村里的範圍展示地名位置。例如：以【滴／濫／坔】命名的濕地地名，若有兩個位於相同所村里，則該村里數量為 2。

1. 根據〔公式5〕的結果，已經得到以【湳／濫／坔】命名的濕地地名，接著將以【湳／濫／坔】命名的濕地地名列表複製，並貼至【村里統計】檔案中空白欄位（圖 12-14）。

全部村里的欄位　　　　　　　　　　　　以【湳／濫／坔】
命名的濕地地名

C	D	E	L	Q	R	S
COUNTYNAME	TOWNNAME	VILLNAME	數量	County	Town	Village
屏東縣	東港鎮		0	彰化縣	福興鄉	外埔村
高雄市	林園區	中門里	0	桃園市	平鎮區	山峰里
高雄市	林園區	港埔里	0	臺南市	東山區	高原里
高雄市	旗津區	上竹里	0	臺南市	東山區	高原里
高雄市	旗津區	中興里	0	彰化縣	埔心鄉	埤霞村
連江縣	南竿鄉	津沙村	0	彰化縣	埔心鄉	南舘村
連江縣	南竿鄉	馬祖村	0	臺南市	東山區	高原里
連江縣	南竿鄉	四維村	0	新北市	新店區	粗坑里
連江縣	北竿鄉	后沃村	0	新竹市	北區	其他
屏東縣	潮州鎮	新榮里	0	新竹市	香山區	茄苳里

▲ **圖 12-14** 【村里統計】檔案中各欄位配置

2. 在空白處建立【數量】的村里統計欄位，於【數量】欄位中輸入〔公式6〕，並下拉公式或雙擊欄位右下角的【■】符號，即可計算該地名用字命名的地名村里數量。

=COUNTIFS($Q:$Q,C2,$R:$R,D2,$ S:$S, E2) ···〔公式6〕

解釋：如果有【湳 / 濫 / 坔】命名濕地地名的全部縣市欄位（Q）符合全部村里欄位的縣市第一列（C2）、有【湳 / 濫 / 坔】命名的濕地地名的鄉鎮市區欄位（R）符合全部村里欄位的鄉鎮市區第一列（D2）、有【湳 / 濫 / 坔】命名的濕地地名的村里欄位（S）符合全部村里欄位的村里第一列（E2），皆符合則會計算其數量。第二列依此類推。

（四）相關聚落地名的地圖展示

由於要將 Excel 的【xlsx】檔加入至 GIS 軟體中展示，故此階段主要使用【Join】功能，藉由【共同屬性欄位】的結合，將整理完成的地名通名、專名位置呈現在地圖上。

1. 於【Catalog】中，將【xlsx】檔加入 ArcGIS，接著於【村里界】圖層點選右鍵，選擇【Join and Relates】中的【Join】選項（圖 12-15、圖 12-16）。

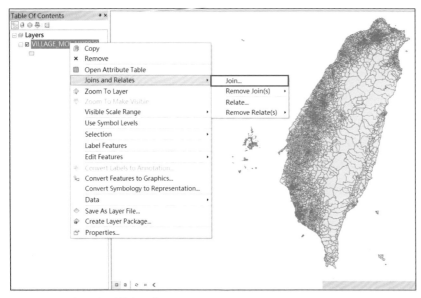

▲ 圖 12-15 【Join】功能選項位置

2. 開啟【Join Data】視窗後，第一與第三欄選擇【VILLCODE】、第二欄選擇統計完畢
的村里檔案。

→ 村里圖層中欲與xlsx檔案join的屬性欄位

→ 以【淊／濫／坔】命名的濕地地名村里統計

→ xlsx檔案中欲與村里圖層join的屬性欄位

▲ 圖 12-16 【Join】功能之介面與簡介

3. 開啟圖層的【Properties】後，找尋【數量】的欄位，即可看到以【湳／濫／坔】命名的濕地地名村里統計數量（圖 12-17）。

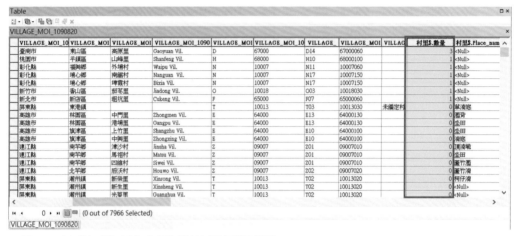

▲ 圖 12-17 以【湳／濫／坔】命名的濕地地名村里統計欄位

4. 開啟圖層的【Properties】，選擇【Symbology】後，於左側欄位點選【Quantities】→【Dot Density】[9]（圖 12-18）。

◀ 圖 12-18 【Dot density】操作界面

5. 接著於【Field Selection】將【村里（淊／濫／坔）】加入。一個點（Dot）只代表一個
   地名，所以在【Dot Value】輸入 1；而【Dot Size】則是調整 Dot 的大小，可以調整出
   圖美感。【Maintain Density By】不用勾選，這樣 Dot 的密度就不會隨著比例尺的縮放
   而更動（圖 12-19）。

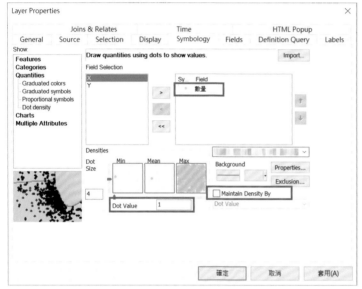

▶ 圖 **12-19**【**Dot density**】介面
各功能位置

6. 由於本圖的成圖尺寸不大，村里界會使畫面紊亂，而無法清楚呈現聚落地名 Dot 的分
   布。可在【Background】去除村里界圖層（圖 12-20），另外加入適當的圖層（如地形
   陰影圖、縣市界等），使整張圖更美觀、易讀（圖 12-21）。

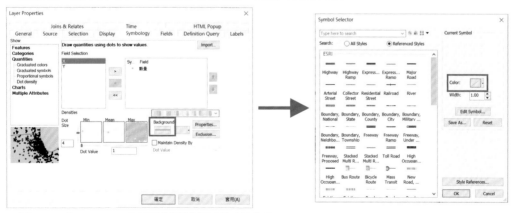

▲ 圖 **12-20**【**Dot density**】界面中調整村里界線功能位置

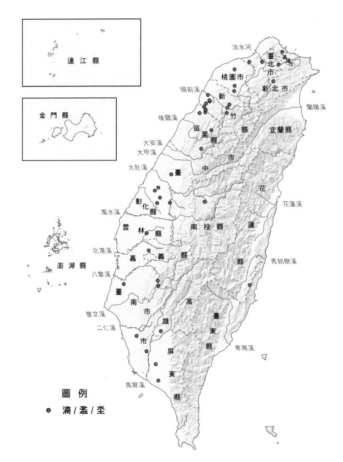

▲ 圖 **12-21** 以【湳／濫／坔】命名之濕地地名的全臺分布圖範例

1 《臺灣地區地名資料》爲開放資料（Open data），使用者下載後可依據自身需求加值應用。

2 《臺灣地區地名資料》的地名條目數量，截至本書下載日 2018 年 12 月，包含聚落 43,954 筆、自然地理實體 9,575 筆、街道 45,946 筆、公共設施或地標 50,104 筆和行政區域 8,107 筆。

3 若以「台灣地區地名資料」爲關鍵詞可能會搜尋不到檔案，請使用「臺灣地區地名資料」。

4 濕地相關地名關鍵詞爲數衆多，例如：埿地、濕地、沼澤、沼等都可以作爲搜尋的關鍵詞。此章節僅以「濕地」、「沼澤」作爲關鍵詞示範。

5 《臺灣地區地名資料》整合了許多前期研究與編纂成果，某些地名可能重複出現，或是同一文獻的地名重複出現，須將重複的地名條目移除。

6 一般而言，在 GIS 軟體中圖示呈現任一範圍（如村里）內之點位的名稱，是「該村里範圍內隨機的一個點」。在一張很小比例尺的地圖上，例如本書各章之末的主題圖，人口稠密區的村里範圍通常很小，即使點位是隨機選取的，對點位在全臺灣的相對位置而言，影響有限，只有位於山地區大面積的行政村，地名呈現位置可能與實際位置的偏差，會較爲明顯。

7 政府資料開放平臺：https://data.gov.tw/。

8 shapefile 爲一空間資料的開放格式，主要由 shp（儲存資料的幾何圖形）、shx（紀錄資料的位置）和 dbf（紀錄圖形的屬性資料）三種檔案類型所構成，故於使用時需要放置同一路徑，方可順利加入 GIS 軟體中。

9 此功能可以將以面圖層統計的數量，轉換成隨機的點子圖分布（如某村里有 2 個地名，會於該村里範圍呈現 2 個隨機分布點）。由於村里尺度相較於全臺灣的尺度小很多，使用此方法於繪製全臺灣尺度的地名分布圖時，呈現的定位誤差尚可接受。

第十三章

地形立體圖製作

　　本書特別強調以視覺化的方式呈現地名與地形之間的關係，受惠於內政部公告的全臺灣 20 公尺網格 DTM 資料，而得以製作許多地形立體圖。地形立體圖的製作方法有很多種，軟體也很多樣，本章將介紹如何運用免費的地理資訊系統軟體──QGIS 搭配 Microsoft PowerPoint 製作簡單的地形立體圖。

　　QGIS 是一套免費、開源的地理資訊系統軟體，可以直接從網路上取得安裝檔，在 Windows、macOS、Linux 等系統上都可以安裝，並且支援繁體中文介面 [1]，使用門檻也相對較低。以上這些優勢對於初學者、中學教師和學生來說，應該是個不錯的選擇。若讀者有興趣，可以參考本章內容，自行製作地形立體圖。

　　透過 QGIS 製作地形立體圖的流程大致可分為三個步驟（圖 13-1），包括：一、裁切數值地形模型；二、製作地形立體模型；三、增加相關註記。其中，第二階段將使用 QGIS 外掛程式（plugin）「Qgis2threejs」來完成。接下來使用 QGIS 3.18 版，介紹地形立體圖的製作方法。

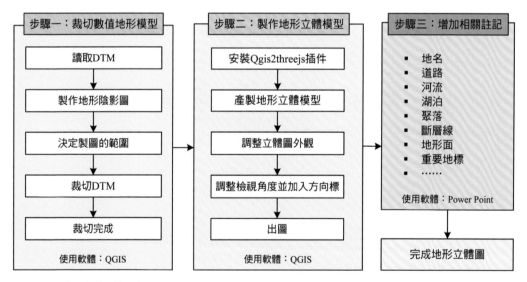

▲ 圖 13-1 地形立體圖製作流程圖

步驟一：裁切數值地形模型

首先於「政府資料開放平臺」網頁下載臺灣本島 20 公尺網格 DTM 資料（網址：https://data.gov.tw/dataset/138563），取得全臺不分幅 20 公尺網格 DTM 的 .tif 檔案[2] 之後，將它讀入 QGIS 中。

◀ 圖 13-2 於 QGIS 讀入臺灣 20 公尺解析度 DTM

剛讀入的 DTM 沒有表現良好的視覺效果（圖 13-2），很難看出地形特徵，此時可於 DTM 圖層上單擊【右鍵】，開啟【Properties】視窗（圖 13-3），於【Symbology】頁面將【Render type】改為【Hillshade】（圖 13-4），單擊【OK】即可呈現地形陰影圖（圖 13-5）。

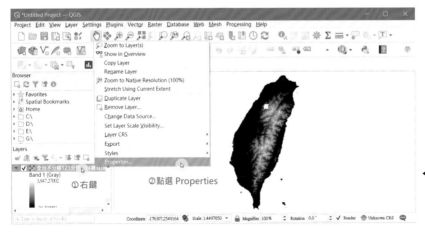

◀ 圖 13-3 於 DTM 圖層點擊右鍵，開啟 Properties 視窗

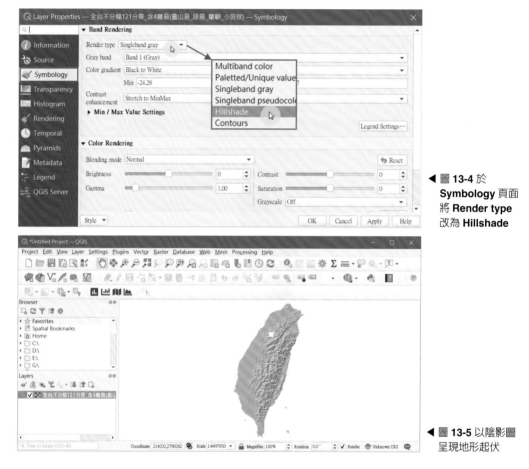

◀ 圖 13-4 於 **Symbology** 頁面 將 **Render type** 改為 **Hillshade**

◀ 圖 13-5 以陰影圖 呈現地形起伏

　　透過陰影圖可以很容易地辨識地形特徵，以下以臺東縣鹿野高台為例說明。將畫面縮放至要製作立體圖的地形範圍（圖 13-6），而後於視窗上方的【Raster】→【Extraction】選擇裁切 DTM 的方式。【Extraction】中提供兩種裁切選項：

1. 在【Clip raster by extent】中可選擇【Use Map Canvas Extent】以畫面顯示範圍裁切，或選擇【Draw on Canvas】於畫面中以手繪方式選取矩形的裁切範圍（圖 13-7、圖 13-8）。

2. 在【Clip raster by mask layer】則須先製作好欲裁切範圍之 shapefiles，再透過此功能來依 shapefiles 形狀做裁切。

　　完成裁切後，即會得到一個新的 DTM 圖層（圖 13-9）。

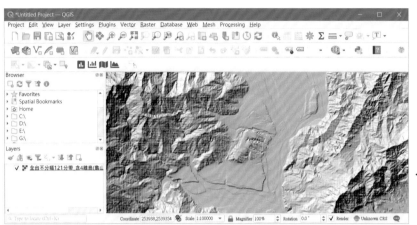

◀ 圖 13-6 將畫面縮
放至目標地形範
圍位置（以鹿野
高台為例）

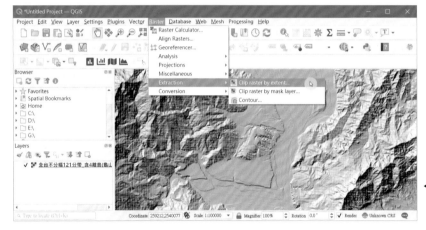

◀ 圖 13-7 選擇 Clip
raster by extent
功能

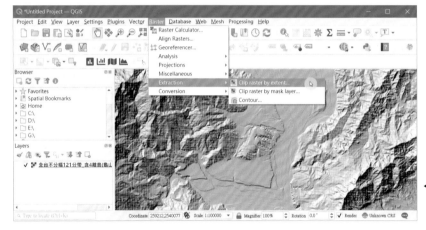

◀ 圖 13-8 於 Clip raster by extent 視窗可選擇不同
的裁切範圍選取方式，選取完成後點擊【Run】便
會產生新的 DTM 圖層

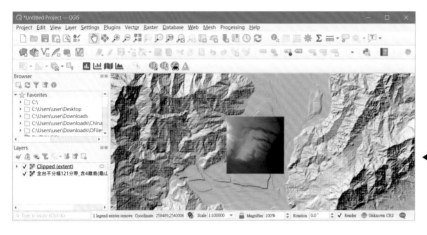

◀ 圖 **13-9** 裁切完
成（於畫面左下
Layers 中可見到
Clipped (extent)
圖層）

步驟二：製作地形立體模型

（一）安裝 **Qgis2threejs** 外掛程式

QGIS 中的「Qgis2threejs」外掛程式可以利用數值地形模型來製作 3D 地形立體圖，此外掛程式並未內建於 QGIS 軟體中，因此須先進行外掛程式的安裝。操作步驟如下：

1. 開啟視窗上方的【Plugins】→【Manage and Install Plugins】（圖 13-10）。

2. 搜尋「Qgis2threejs」外掛程式，點選【Install Plugin】進行安裝（圖 13-11）。

3. 安裝後關閉 Plugins 視窗，即可於工具列中發現 Qgis2threejs 外掛程式（圖 13-12）。

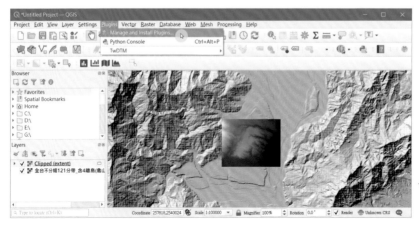

◀ 圖 **13-10** 於 **Plugins**
中點擊 **Manage and**
Install Plugins 選項

◀ 圖 13-11 搜尋 **Qgis2threejs** 並點選 **Install Plugin** 安裝

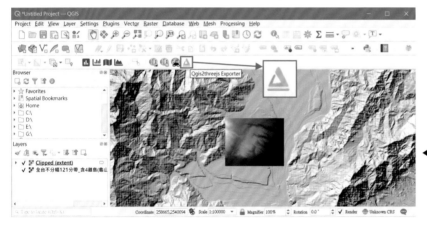

◀ 圖 13-12 執行安裝完成後，即可於工具列中看到 **Qgis2threejs** 工具圖標

（二）產製地形立體模型

在生成立體模型前，可以先蒐集想要套疊在立體圖上的圖層[3]，如：道路、聚落、河道等，將其加入 QGIS 主視窗的【Layers】中，再點擊工具列上的 Qgis2threejs 圖標開啟 Qgis2threejs Exporter 視窗（圖 13-13），即可看見這些圖層依其幾何類型出現在視窗左方的【Layers】中。

在【Layers】中的 DEM 選單，可選擇要以哪個數值地形模型呈現 3D 地形起伏，我們可以選擇剛剛裁切好的【Clipped (extent)】圖層（圖 13-14），勾選後會發現視窗右側範圍出現與 QGIS 主視窗相同的畫面。開啟上方工具列的【Scene】→【Scene Settings】視窗（圖 13-15），可針對地形模型高程放大倍率、顯示畫面與背景顏色等參數做調整（圖 13-16）。

1. 【Vertical exaggeration】可調整高程放大倍率，倍率應適當選擇，不宜過大或過小，若倍率過大可能導致地形誇張扭曲，而過小則可能導致地形起伏不夠明顯。

2. 【Base Extent】可選擇立體圖的呈現範圍。預設為【Use map canvas extent】，是以 QGIS 主視窗的顯示畫面為範圍，但若要以剛剛裁切出來的 DTM 為範圍，於【Fixed extent】→【Select】→【Use Layer Extent】選擇該 DTM 即可。

3. 【Background】可選擇背景顏色。預設為【Sky】呈現天空的樣式，亦可於【Solid color】中選擇其他顏色。

4. 點擊【OK】完成調整（圖 13-17）。

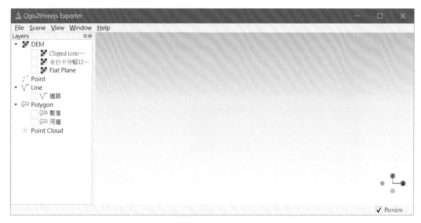

▲ 圖 13-13 Qgis2threejs Exporter 初始畫面

▲ 圖 13-14 選擇裁切好的 DTM 圖層

▲ 圖 13-15 於 Scene 選單開啟 Scene Settings 視窗

▲ 圖 13-16 Scene Settings 視窗

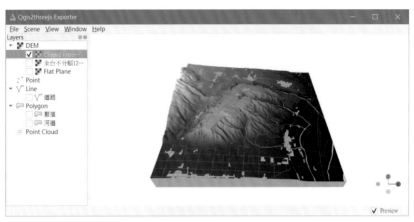

▲ 圖 **13-17** 調整完 **Scene Settings** 參數後之畫面

　　接著，可繼續調整立體圖的其他參數，在剛剛裁切出來的【Clipped (extent)】圖層點擊【右鍵】→【Properties】（圖 13-18），開啟 Layer Properties 視窗，可調整重新取樣等級與立體圖外觀等參數（圖 13-19）。

1. 【Resampling level】可調整立體圖的重新取樣等級。等級數字愈高，立體圖所呈現之地形特徵會愈細膩；反之，則愈粗糙。

2. 【Material】可調整立體圖外觀的來源與其他相關參數。

3. 點擊【OK】完成調整。

▲ 圖 **13-18** 於所選 **DTM** 圖層點擊右鍵開啟 **Layer Properties** 視窗

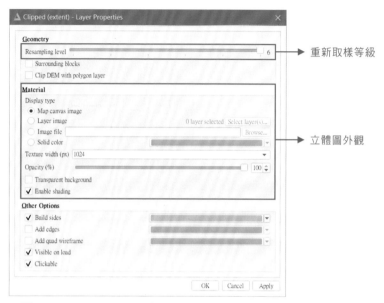

重新取樣等級

立體圖外觀

▲ 圖 13-19 Layer Properties 視窗

（三）調整立體圖外觀

　　若我們於 Layer Properties 視窗中【Material】→【Display type】選擇【Map canvas image】，則調整立體圖外觀須回到 QGIS 主視窗中進行。在剛剛裁切好的 DTM 圖層點擊【右鍵】，開啟 Properties 視窗（圖 13-20），於【Symbology】→【Band Rendering】→【Render type】調整 DTM 外觀樣式（圖 13-21）。其中，【Singleband gray】是預設的方式，選擇【Hillshade】可呈現陰影圖的外觀，選擇【Singleband pseudocolor】（圖 13-22）或【Paletted/Unique values】則可呈現分層設色的外觀。

　　除此之外，我們也可以透過 WMS ／ WMTS 介接的方式，套疊「臺灣百年歷史地圖」圖臺提供的圖資（如：臺灣堡圖、經建版地形圖等）或其他網路圖層，將這些平面的圖資變成立體的樣貌，同樣只需將介接的圖層加入 QGIS 主視窗的【Layers】中，即可呈現（圖 13-23）。

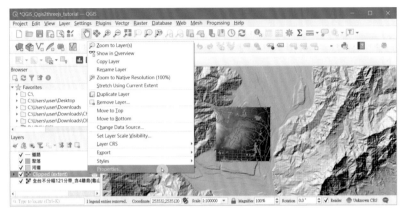

▲ 圖 **13-20** 於裁切好之 **DTM** 圖層點擊右鍵,開啟 **Properties** 視窗

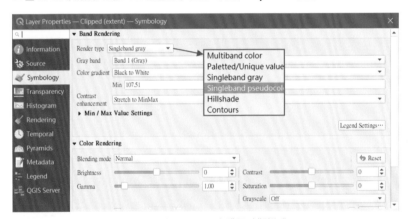

▲ 圖 **13-21** 於 **Render type** 調整所欲呈現的立體圖外觀樣式

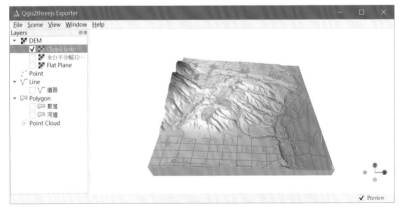

▲ 圖 **13-22** 回到 **Qgis2threejs Exporter** 視窗可見調整外觀顏色後的立體圖
此處以 Singleband pseudocolor 為例。

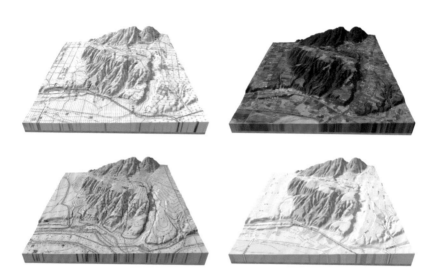

▲ 圖 **13-23** 其他圖層套疊範例
左上：經建版地形圖、右上：衛星影像、左下：大正版臺灣堡圖、右下：開放街圖。

（四）調整檢視角度並加入方向標

預設的檢視角度不一定能清楚呈現地形特徵，因此可以在 Qgis2threejs Exporter 視窗右半部畫面上按住滑鼠左鍵不放，直接拖曳立體圖，將其旋轉至適當的檢視角度。由於較佳檢視角度的北方不一定會在正上方，因此也應加上方向標，以利讀圖者辨認方位。加入方向標的操作步驟如下：

1. 於上方工具列【View】→【Widgets】→【North Arrow】開啟 North Arrow 設定視窗（圖 13-24）。

2. 於 North Arrow 視窗勾選【Enable North Arrow】顯示方向標（圖 13-25）。

3. 於【Color】可調整方向標的顏色。

4. 點擊【OK】返回 Qgis2threejs Exporter 視窗，即可見畫面左下角顯示出方向標圖示。

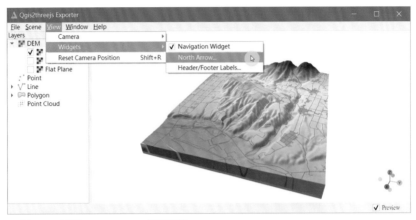

▲ 圖 13-24 開啟 North Arrow 設定視窗

◀ 圖 13-25 North Arrow 視窗

（五）出圖

　　前面的步驟都進行完之後，便可以將立體圖輸出。由工具列【File】→【Save Scene As】→【Image (.png)】開啟出圖設定，調整所要出圖的尺寸後，點擊【Save】即可將立體圖儲存成圖片檔（圖 13-26）。

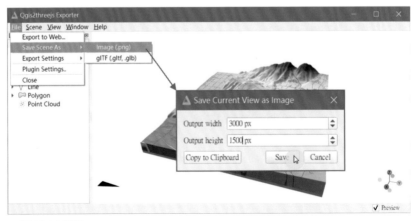

▲ 圖 13-26 出圖

步驟三：增加相關註記

　　前一步驟立體圖出圖完成後，可將其讀入任一繪圖軟體做地名、地物等相關註記，但若對於繪圖軟體較不熟悉，使用 Microsoft PowerPoint 也可以達到類似的效果。將立體圖插入 PowerPoint 之後，可於工具列中【插入】→【圖案】選擇想要插入的圖案，如：線條、箭頭等，也可以插入【文字方塊】來做地名、河流、地標等的註記。註記完成後，將檔案另存為圖片格式，一張地形立體圖（圖 13-27）便大功告成！

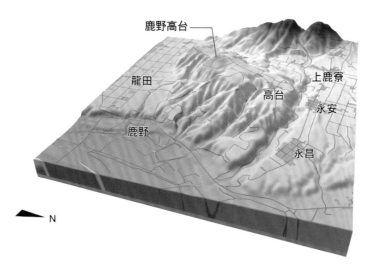

▲ 圖 13-27 以 QGIS 搭配 PowerPoint 完成的地形立體圖成果

1　QGIS 雖然支援繁體中文化的介面，但有些功能選項仍未支援中文顯示，部分詞彙亦非採用一般較爲通用的譯法，不同的 QGIS 版本間譯法也略有差異，故本書仍以英文介面示範操作，以避免因翻譯問題而產生混淆。

2　內政部亦提供各縣市分幅 DTM 資料，但由於許多地形單元是跨縣市的，因此使用全臺不分幅 DTM 在製作地形立體圖時會較爲方便，讀者可於「政府資料開放平臺」網站免費下載取得 2020 年版全臺灣及部分離島 20 公尺網格數值地形模型 DTM 資料（網址：https://data.gov.tw/dataset/138563）。

3　常用的圖層如國道、省道、鐵道、縣市界線、鄉鎮市區界線、土石流潛勢溪流等，皆可於「政府資料開放平臺」（網址：https://data.gov.tw/）下載取得；此外，內政部「地理資訊圖資雲服務平臺（TGOS）」（網址：https://tgos.nat.gov.tw/）的圖資查詢，亦可下載許多 GIS 圖層，相當方便。

圖照來源

一、圖片來源

編號	名稱	來源
圖 1-1	桃園市大園區沙崙聚落一帶（1921）	中研院臺灣百年歷史地圖 [1921 年臺灣地形圖] 李聿修、陳銘鴻後製
圖 1-2	桃園市大園區沙崙聚落一帶衛星影像（1969）	中研院臺灣文史資源海外徵集與國際合作計畫臺灣 Corona 衛星影像（1969 年，編號：DS1106-2086DF117_c） 李聿修、陳銘鴻後製
圖 1-3	桃園市大園區沙崙聚落一帶正射影像	國土測繪中心 WMTS 正射影像（通用） 李聿修、陳銘鴻後製
圖 1-4	雲林縣元長鄉後湖與中湖聚落（1921）	中研院臺灣百年歷史地圖 [1921 年臺灣地形圖] 李聿修、陳銘鴻後製
圖 1-5	雲林縣元長鄉後湖與中湖聚落地形立體圖	李聿修繪製
圖 1-6	臺南市西港區沙凹子聚落（1921）	中研院臺灣百年歷史地圖 [1921 年臺灣地形圖] 李聿修、陳銘鴻後製
圖 1-7	雲林縣崙背鄉崙前與崙背聚落（1921）	中研院臺灣百年歷史地圖 [1921 年臺灣地形圖] 李聿修、陳銘鴻後製
圖 1-8	雲林縣土庫鎮山子腳聚落正射影像	國土測繪中心 WMTS 正射影像（通用） 李聿修、陳銘鴻後製
圖 1-9	雲林縣土庫鎮山仔腳聚落（1921）	中研院臺灣百年歷史地圖 [1921 年臺灣地形圖] 李聿修、陳銘鴻後製
圖 1-10	雲林縣土庫鎮山子腳聚落正射影像（疊圖）	國土測繪中心 WMTS 正射影像（通用） 李聿修、陳銘鴻後製
圖 1-11	濁水溪新舊流路與沙丘相關聚落地名分布圖	李聿修繪製
圖 1-12	直接指稱沙丘的聚落地名分布圖	李聿修、陳銘鴻繪製
圖 1-13	間接指稱沙丘的聚落地名分布圖	李聿修、陳銘鴻繪製
圖 2-1	新北市新店區溪洲聚落（1921）	中研院臺灣百年歷史地圖 [1921 年臺灣地形圖] 李聿修、陳銘鴻後製
圖 2-2	新北市新店區溪洲聚落一帶衛星影像（1966）	中研院臺灣文史資源海外徵集與國際合作計畫臺灣 Corona 衛星影像（1966 年，編號：DS1035-2100DA134_d） 李聿修、陳銘鴻後製
圖 2-3	新竹市北區船頭溪洲聚落一帶衛星影像（1966）	中研院臺灣文史資源海外徵集與國際合作計畫臺灣 Corona 衛星影像（1966 年，編號：DS1035-2100DA135_c） 李聿修、陳銘鴻後製
圖 2-4	臺南市安平區三鯤鯓聚落（1921）	中研院臺灣百年歷史地圖 [1921 年臺灣地形圖] 李聿修、陳銘鴻後製
圖 2-5	臺南市南區四鯤鯓聚落（1921）	中研院臺灣百年歷史地圖 [1921 年臺灣地形圖] 李聿修、陳銘鴻後製
圖 2-6	臺南沿海鯤鯓地名位置圖	李聿修繪製
圖 2-7	直接指稱沙洲的聚落地名分布圖（溪洲／溪州）	李聿修、陳銘鴻繪製

編號	名稱	來源
圖 2-8	直接指稱沙洲的聚落地名分布圖（洲／州、汕／線／傘、鯤鯓／鯤身）	李畫修、陳銘鴻繪製
圖 3-1	烏溪中游左岸河階群地形立體圖	李畫修繪製
圖 3-2	南投縣水里鄉二坪仔聚落一帶地形立體圖	李畫修繪製
圖 3-3	恆春半島西部地形立體圖	李畫修繪製
圖 3-4	大漢溪中游大溪河階群地形立體圖	李畫修繪製
圖 3-5	臺東縣鹿野鄉二層坪聚落一帶地形立體圖	李畫修繪製
圖 3-6	大甲溪中游新社河階群地形立體圖	李畫修繪製
圖 3-7	后里台地地形立體圖	李畫修繪製
圖 3-8	八卦台地南部地形立體圖	李畫修繪製
圖 3-9	崖下湧泉示意圖	李畫修繪製
圖 3-10	新竹縣峨眉鄉左腳坪與右腳坪聚落地形立體圖	李畫修繪製
圖 3-11	新竹縣峨眉鄉峨眉（月眉）聚落地形立體圖	李畫修繪製
圖 3-12	桃園市復興區角板聚落地形立體圖	李畫修繪製
圖 3-13	嘉義縣阿里山鄉茶山部落（Cayamavana）一帶地形圖	李畫修繪製
圖 3-14	花蓮縣瑞穗鄉奇美部落（kiwit）地形立體圖	李畫修繪製
圖 3-15	苗栗縣大湖鄉上坪與下坪聚落地形立體圖	李畫修繪製
圖 3-16	八卦台地南部地形圖	李畫修繪製
圖 3-17	崁腳與崁頂聚落地形剖面圖	李畫修繪製
圖 3-18	直接指稱河階與台地的聚落地名分布圖	李畫修、陳銘鴻繪製
圖 3-19	間接指稱河階與台地的聚落地名分布圖	李畫修、陳銘鴻繪製
圖 4-1	雲林縣斗六市牛挑灣（朱丹灣）聚落（1921）	中研院臺灣百年歷史地圖 [1921 年臺灣地形圖] 李畫修後製
圖 4-2	急水溪在白河與新營之間的曲流河道	【主圖】國立中央大學太遙中心臺灣全島 SPOT 衛星影像（2020 年） 【插圖】中研院臺灣百年歷史地圖 [1921 年臺灣地形圖] 李畫修後製
圖 4-3	嘉義縣朴子市牛挑灣聚落（1921）	中研院臺灣百年歷史地圖 [1921 年臺灣地形圖] 李畫修後製
圖 4-4	新竹縣峨眉鄉轉溝水聚落一帶地形立體圖	李畫修繪製

編號	名稱	來源
圖 4-5	嘉義縣六腳鄉灣內聚落（1921）	中研院臺灣百年歷史地圖 [1921 年臺灣地形圖] 李畐修後製
圖 4-6	北港溪河道變遷與頂灣子內聚落遷移	李畐修繪製
圖 4-7	南投縣草屯鎮月眉厝聚落（1904）	中研院臺灣百年歷史地圖 [1904 年臺灣堡圖] 李畐修後製
圖 4-8	嘉義縣新港鄉月眉潭聚落 1904 年（左）與現今狀況（右）的比較	【左圖】中研院臺灣百年歷史地圖 　　　　[1904 年臺灣堡圖] 【右圖】國土測繪中心 WMTS 正射影像（通用） 李畐修後製
圖 4-9	彰化縣和美鎮月眉聚落 1921 年（左）與現今狀況（右）的比較	【左圖】中研院臺灣百年歷史地圖 　　　　[1921 年臺灣地形圖] 【右圖】國土測繪中心 WMTS 正射影像（通用） 李畐修後製
圖 4-10	基隆河中游沿岸「堵」字聚落地名分布圖	李畐修繪製
圖 4-11	嘉義縣新港鄉鵝頸聚落（1921）	中研院臺灣百年歷史地圖 [1921 年臺灣地形圖] 李畐修後製
圖 4-12	新北市坪林區大舌湖聚落一帶地形立體圖	李畐修繪製
圖 4-13	彰化縣大城鄉頂潭墘與下潭墘聚落（1904）	中研院臺灣百年歷史地圖 [1904 年臺灣堡圖] 李畐修後製
圖 4-14	臺南市玉井區三埔聚落（1904）	中研院臺灣百年歷史地圖 [1904 年臺灣堡圖] 李畐修後製
圖 4-15	花蓮縣卓溪鄉清水部落（Saiku）地形立體圖	李畐修繪製
圖 4-16	新北市雙溪區田螺山聚落一帶地形立體圖	李畐修繪製
圖 4-17	南勢溪龜山一帶河道地形演育圖	李畐修繪製
圖 4-18	直接與間接指稱曲流的聚落地名分布圖	李畐修、陳銘鴻繪製
圖 5-1	桃園市龍潭區霄裡溪上游一帶	李畐修繪製
圖 5-2	苗栗縣三義鄉三義聚落一帶地形立體圖	李畐修繪製
圖 5-3	新北市三峽區三角湧聚落一帶（1904）	中研院臺灣百年歷史地圖 [1904 年臺灣堡圖] 李畐修、陳銘鴻後製
圖 5-4	雲林縣古坑鄉龍吐舌仔聚落一帶地形圖	李畐修繪製
圖 5-5	桃園市復興區霞雲坪部落（Hbun）、合流部落（Hbun-sinqumi）與優霞雲部落（Yuwhbun raka）一帶	李畐修繪製
圖 5-6	新北市烏來區哈盆（Hbun）一帶	李畐修繪製
圖 5-7	桃園市復興區霞雲坪部落（Hbun）、合流部落（Hbun-sinqumi）與優霞雲部落（Yuwhbun raka）一帶（1924）	中研院臺灣百年歷史地圖 [1924 年臺灣地形圖] 李畐修後製

編號	名稱	來源
圖 5-8	直接與間接指稱河川匯流的聚落地名分布圖	李聿修、陳銘鴻繪製
圖 6-1	新北市蘆洲區水湳聚落（1921）	中研院臺灣百年歷史地圖 [1921 年臺灣地形圖] 李聿修後製
圖 6-2	彰化縣彰化市湳尾聚落（1921）	中研院臺灣百年歷史地圖 [1921 年臺灣地形圖] 李聿修後製
圖 6-3	新竹市北區湳雅聚落（1921）	中研院臺灣百年歷史地圖 [1921 年臺灣地形圖] 李聿修後製
圖 6-4	彰化縣伸港鄉草湖聚落（1904）	中研院臺灣百年歷史地圖 [1904 年臺灣堡圖] 李聿修後製
圖 6-5	南投縣埔里鎮水蛙堀聚落（1904）	中研院臺灣百年歷史地圖 [1904 年臺灣堡圖] 李聿修後製
圖 6-6	嘉義縣民雄鄉鴨母坔聚落（1904）	中研院臺灣百年歷史地圖 [1904 年臺灣堡圖] 李聿修後製
圖 6-7	新北市五股區新塭與新莊區舊塭聚落（1921）	中研院臺灣百年歷史地圖 [1921 年臺灣地形圖] 羅章秀後製
圖 6-8	新塭、舊塭一帶航照影像（1978）	地方社會研究 [1978 年舊航照影像] 羅章秀後製
圖 6-9	新塭、舊塭一帶現今土地利用狀況與 1970 年代淹水範圍	國土測繪中心 WMTS 正射影像（通用） 羅章秀後製
圖 6-10	直接與間接指稱濕地的聚落地名分布圖	李聿修、羅章秀繪製
圖 7-1	屏東縣恆春鎮頂水泉與下水泉聚落（1924）	中研院臺灣百年歷史地圖 [1924 年臺灣地形圖] 李聿修後製
圖 7-2	屏東縣恆春鎮頂水泉與下水泉聚落一帶地形立體圖	李聿修繪製
圖 7-3	蘭陽平原地形立體圖	李聿修繪製
圖 7-4	新武呂溪沖積扇地形立體圖	李聿修繪製
圖 7-5	宜蘭縣礁溪鄉德陽村湯圍與奇立丹聚落（1921）	中研院臺灣百年歷史地圖 [1921 年臺灣地形圖] 李聿修後製
圖 7-6	直接與間接指稱湧泉的聚落地名分布圖	李聿修、陳銘鴻繪製
圖 8-1	新北市石門區崩山聚落（1921）	中研院臺灣百年歷史地圖 [1921 年臺灣地形圖] 李聿修、陳銘鴻後製
圖 8-2	新北市石門區「崩」字聚落分布圖	李聿修繪製
圖 8-3	臺中市外埔區崩山聚落（1921）	中研院臺灣百年歷史地圖 [1921 年臺灣地形圖] 李聿修、陳銘鴻後製
圖 8-4	嘉義縣六腳鄉前崩山與後崩山聚落（1921）	中研院臺灣百年歷史地圖 [1921 年臺灣地形圖] 李聿修、陳銘鴻後製
圖 8-5	高雄市美濃區龍肚、龍闕及龍背聚落一帶地形立體圖	李聿修繪製
圖 8-6	荖濃溪沖積扇與美濃地區地形立體圖	李聿修繪製
圖 8-7	崩塌相關聚落地名的崩塌成因分布圖	李聿修、陳銘鴻繪製

編號	名稱	來源
圖 8-8	直接指稱崩塌的聚落地名分布圖（崩）	李畫修、陳銘鴻繪製
圖 8-9	直接指稱崩塌的聚落地名分布圖（崩山、崩崁／崩坎、崩陂／崩坪／崩坡）	李畫修、陳銘鴻繪製
圖 9-1	彰化縣埔鹽鄉浸水聚落（1904）	中研院臺灣百年歷史地圖 [1904 年臺灣堡圖] 李畫修後製
圖 9-2	全臺淹水潛勢圖（左）與 2015 至 2019 年淹水災點圖（右）	李畫修繪製
圖 9-3	高雄市內門區浸水寮聚落與溝坪溪河道變遷圖	李畫修繪製
圖 9-4	高雄市林園區溪洲仔聚落（1904）	中研院臺灣百年歷史地圖 [1904 年臺灣堡圖] 李畫修後製
圖 9-5	新竹市東區溪埔仔聚落（1921）	中研院臺灣百年歷史地圖 [1921 年臺灣地形圖] 李畫修後製
圖 9-6	大禹聚落一帶航空照片（1952）	中研院臺灣百年歷史地圖 [1952 年秀姑巒溪流域航拍] 李畫修、陳銘鴻後製
圖 9-7	雲嘉地區因水災而遷村之聚落案例分布圖	李畫修繪製
圖 9-8	嘉義市西區新庄聚落遷移示意圖	李畫修繪製
圖 9-9	嘉義市西區新庄周邊與新舊聚落	國土測繪中心 WMTS 正射影像（通用） 羅章秀後製
圖 9-10	嘉義縣東石鄉雙連潭（新厝仔）聚落遷移示意圖	李畫修繪製
圖 10-1	臺灣東北角海岸地形立體圖	李畫修繪製
圖 10-2	臺灣北海岸地形立體圖	李畫修繪製
圖 10-3	連江縣「澳」字地名分布圖（含非聚落地名）	李畫修繪製
圖 10-4	花蓮縣富里鄉分水嶺聚落地形立體圖	李畫修繪製
圖 10-5	新北市平溪區分水崙聚落一帶地形立體圖	李畫修繪製
圖 10-6	新竹縣竹東鎮分水龍聚落地形立體圖	李畫修繪製
圖 10-7	新北市新店區安坑聚落一帶地形立體圖	李畫修繪製
圖 10-8	苗栗縣大湖鄉水流東聚落一帶地形立體圖	李畫修繪製
圖 10-9	南投縣鹿谷鄉溪頭聚落一帶地形立體圖	李畫修繪製
圖 10-10	嘉義縣竹崎鄉奮起湖聚落地形立體圖	李畫修繪製
圖 10-11	花蓮縣瑞穗鄉迦納納部落（Kalala）一帶地形立體圖	李畫修繪製
圖 10-12	高雄市杉林區白水泉（白水際）聚落（1921）	中研院臺灣百年歷史地圖 [1921 年臺灣地形圖] 李畫修後製

編號	名稱	來源
圖 10-13	高雄市田寮區與燕巢區「滾水」地名分布圖	李聿修繪製
圖 11-1	新社河階分布圖	李聿修繪製
圖 11-2	清領末期新社河階群聚落分布圖	李聿修繪製
圖 11-3	新社河階群北段（下游段）地形立體圖	李聿修繪製
圖 11-4	上崁、下崁與伯公崎一帶地形立體圖	李聿修繪製
圖 11-5	新社區月湖里一帶地形圖	李聿修繪製
圖 11-6	新社區上坪與下坪聚落地形立體圖	李聿修繪製
圖 11-7	新社區橫屏聚落一帶地形立體圖	李聿修繪製
圖 11-8	猛虎跳牆一帶地形立體圖	李聿修繪製
圖 11-9	草屯河階分布圖（烏溪中游）	李聿修繪製
圖 11-10	草屯鎮拓墾進程圖	李聿修繪製
圖 11-11	草屯河階群現今的聚落分布圖	李聿修繪製
圖 11-12	草屯鎮土城至頂城之間的聚落分布與地形立體圖	李聿修繪製
圖 11-13	頂崁仔、下崁仔與坪仔腳聚落一帶地形立體圖	李聿修繪製
圖 11-14	隘寮聚落一帶地形立體圖	李聿修繪製
圖 11-15	北勢湳聚落一帶地形立體圖	李聿修繪製
圖 11-16	草屯鎮御史里牛屎崎聚落一帶地形立體圖	李聿修繪製
圖 12-1	地名資料取得與展示流程圖	羅章秀
圖 12-2	內政資料開放平臺搜尋視窗	內政資料開放平臺網頁截圖
圖 12-3	「內政部資料開放平臺」地名資料查詢結果	內政資料開放平臺網頁截圖
圖 12-4	本書使用之《臺灣地區地名資料》表格內容舉例	羅章秀
圖 12-5	濕地地名篩選操作範例	羅章秀
圖 12-6	通名、專名篩選操作範例	羅章秀
圖 12-7	濕地地名與通名、專名取交集操作範例	羅章秀
圖 12-8	不同編號重複出現的地名	羅章秀
圖 12-9	村里界圖下載頁面	政府資料開放平臺網頁截圖

編號	名稱	來源
圖 12-10	村里界圖層加入 ArcMap	ArcMap 軟體截圖
圖 12-11	【Table to Excel】搜尋方法	ArcMap 軟體截圖
圖 12-12	【Table to Excel】操作界面	ArcMap 軟體截圖
圖 12-13	輸出的 xlsx 檔中各村里之代表編號	羅章秀
圖 12-14	【村里統計】檔案中各欄位配置	羅章秀
圖 12-15	【Join】功能選項位置	ArcMap 軟體截圖
圖 12-16	【Join】功能之介面與簡介	ArcMap 軟體截圖
圖 12-17	以【滴／濫／坔】命名的濕地地名村里統計欄位	ArcMap 軟體截圖
圖 12-18	【Dot density】操作界面	ArcMap 軟體截圖
圖 12-19	【Dot density】介面各功能位置	ArcMap 軟體截圖
圖 12-20	【Dot density】界面中調整村里界線功能位置	ArcMap 軟體截圖
圖 12-21	以【滴／濫／坔】命名之濕地地名的全臺分布圖範例	李聿修
圖 13-1	地形立體圖製作流程圖	李聿修
圖 13-2	於 QGIS 讀入臺灣 20 公尺解析度 DTM	QGIS 軟體截圖
圖 13-3	於 DTM 圖層點擊右鍵，開啟 Properties 視窗	QGIS 軟體截圖
圖 13-4	於 Symbology 頁面將 Render type 改 Hillshade	QGIS 軟體截圖
圖 13-5	以陰影圖呈現地形起伏	QGIS 軟體截圖
圖 13-6	將畫面縮放至目標地形範圍位置（以鹿野高台為例）	QGIS 軟體截圖
圖 13-7	選擇 Clip raster by extent 功能	QGIS 軟體截圖
圖 13-8	於 Clip raster by extent 視窗可選擇不同的裁切範圍選取方式，選取完成後點擊【Run】便會產生新的 DTM 圖層	QGIS 軟體截圖
圖 13-9	裁切完成（於畫面左下 Layers 中可見到 Clipped (extent) 圖層）	QGIS 軟體截圖
圖 13-10	於 Plugins 中點擊 Manage and Install Plugins 選項	QGIS 軟體截圖
圖 13-11	搜尋 Qgis2threejs 並點選 Install Plugin 安裝	QGIS 軟體截圖
圖 13-12	執行安裝完成後，即可於工具列中看到 Qgis2threejs 工具圖標	QGIS 軟體截圖
圖 13-13	Qgis2threejs Exporter 初始畫面	QGIS 軟體截圖

編號	名稱	來源
圖 13-14	選擇裁切好的 DTM 圖層	QGIS 軟體截圖
圖 13-15	於 Scene 選單開啟 Scene Settings 視窗	QGIS 軟體截圖
圖 13-16	Scene Settings 視窗	QGIS 軟體截圖
圖 13-17	調整完 Scene Settings 參數後之畫面	QGIS 軟體截圖
圖 13-18	於所選 DTM 圖層點擊右鍵開啟 Layer Properties 視窗	QGIS 軟體截圖
圖 13-19	Layer Properties 視窗	QGIS 軟體截圖
圖 13-20	於裁切好之 DTM 圖層點擊右鍵，開啟 Properties 視窗	QGIS 軟體截圖
圖 13-21	於 Render type 調整所欲呈現的立體圖外觀樣式	QGIS 軟體截圖
圖 13-22	回到 Qgis2threejs Exporter 視窗可見調整外觀顏色後的立體圖	QGIS 軟體截圖
圖 13-23	其他圖層套疊範例	李聿修
圖 13-24	開啟 North Arrow 設定視窗	QGIS 軟體截圖
圖 13-25	North Arrow 視窗	QGIS 軟體截圖
圖 13-26	出圖	QGIS 軟體截圖
圖 13-27	以 QGIS 搭配 PowerPoint 完成的地形立體圖成果	李聿修

二、照片來源

編號	名稱	來源
照片 1-1	宜蘭沙丘	林文毓、游牧笛攝影
照片 1-2	草漯沙丘	蔡承樺攝影
照片 1-3	雲林縣元長鄉後湖與中湖聚落	李聿修攝影
照片 2-1	淡水河口左岸沙洲	李聿修攝影
照片 2-2	新竹市北區船頭溪洲聚落一帶	李聿修攝影
照片 2-3	臺南市將軍區青鯤鯓聚落	李聿修攝影
照片 3-1	大漢溪中游大溪河階群	李聿修攝影
照片 3-2	鹿野河階與鹿野高台	李聿修攝影
照片 3-3	遠眺林口台地	李聿修攝影
照片 3-4	遠眺恆春台地	李聿修攝影
照片 3-5	臺東縣鹿野鄉二層坪聚落一帶	陳銘鴻攝影
照片 3-6	二層坪水橋	陳銘鴻攝影
照片 3-7	八卦台地紅土礫石層	沈淑敏等人（2019）。**建構防災地形分類與地圖製圖規範研究 II—草屯圖幅說明書**。行政法人國家災害防救科技中心。
照片 3-8	新竹縣峨眉鄉左腳坪與右腳坪聚落	陳銘鴻攝影
照片 3-9	桃園市復興區溪口台部落（Rahaw／Takan）一帶	李聿修攝影
照片 3-10	花蓮縣瑞穗鄉奇美部落 Lingpawan 與 Lanar	陳銘鴻攝影
照片 4-1	濁水溪上游曲流土虱灣	李聿修攝影
照片 4-2	新竹縣峨眉鄉龜山下聚落一帶	陳銘鴻攝影
照片 4-3	新北市新店區龜山聚落一帶	國立臺灣師範大學地理學系臺灣地形研究室
照片 5-1	新北市雙溪區雙溪聚落	李聿修攝影
照片 5-2	柳川與旱溪的匯流處	陳銘鴻攝影
照片 6-1	彰化縣芳苑鄉王功沿海一帶蚵棚	李聿修攝影
照片 7-1	臺東縣池上鄉大坡池一帶	陳銘鴻攝影
照片 7-2	鹿寮溪沖積扇	李聿修攝影
照片 7-3	新北市淡水區水梘頭聚落水源橋下的天然湧泉	陳銘鴻攝影
照片 7-4	烏來部落（Ulay）與桶後溪畔的溫泉	陳銘鴻攝影

編號	名稱	來源
照片 8-1	草嶺大崩塌	林文毓、蔡承樺攝影
照片 8-2	新北市石門區崩山聚落附近的陡崖	陳銘鴻攝影
照片 8-3	新北市石門區崩山口聚落的公車站牌	陳銘鴻攝影
照片 8-4	龍肚、龍闕及龍背聚落一帶	李聿修攝影
照片 9-1	大禹聚落、秀姑巒溪與豐坪溪	李聿修、陳銘鴻攝影
照片 9-2	大禹聖帝像	陳銘鴻攝影
照片 10-1	臺灣東北角海岸	李聿修攝影
照片 10-2	麟山鼻與鼻尾、鼻心聚落	陳銘鴻攝影
照片 10-3	富貴角與富基聚落	陳銘鴻攝影
照片 10-4	陳有蘭溪與和社溪的谷地	李聿修攝影
照片 10-5	苗栗縣公館鄉出磺坑聚落	陳銘鴻攝影
照片 10-6	花蓮縣瑞穗鄉迦納納部落（Kalala）的地名意象	陳銘鴻攝影
照片 10-7	十分瀑布	張嘉瑜攝影
照片 10-8	兩座嶺腳瀑布與三層水潭	陳銘鴻攝影
照片 10-9	眼鏡洞瀑布	陳銘鴻攝影
照片 10-10	烏山頂泥火山	陳銘鴻攝影
照片 10-11	高雄市燕巢區滾水坪泥火山	李聿修攝影
照片 11-1	伯公崎與土地公廟	李聿修攝影
照片 11-2	頂崁仔、下崁仔與坪仔腳聚落一帶	李聿修攝影
照片 11-3	隘寮聚落一帶	李聿修攝影
照片 11-4	北勢湳聚落一帶	李聿修攝影
照片 11-5	草屯鎮牛屎崎聚落一帶	陳銘鴻攝影
照片 11-6	草屯鎮僑光街的陡坡	陳銘鴻攝影
照片 11-7	草屯鎮牛屎崎聚落的地名意象	陳銘鴻攝影

參考文獻

參考文獻

一、中文文獻

伊能嘉矩（2021）。**伊能嘉矩臺灣地名辭書**（吳密察，譯）。大家／遠足文化。（原著出版於 1909 年）

中央研究院（2003）。**臺灣歷史文化地圖系統**（第一版）。中央研究院。

中國地質學會（2005）。**陽明山溫泉、地熱資源與利用調查**。陽明山國家公園管理處。

中華綜合發展研究院應用史學研究所總編纂（2009）。**蘆洲市志**。蘆洲市公所。

內政部（2015）。**地名資訊服務網**（臺大主機）。http://gn.geog.ntu.edu.tw/GeoNames/GNMap/map_Admin/map/MapMain.aspx#

內政部（2018）。**臺灣地區地名資料_聚落類**。政府資料開放平臺。https://data.moi.gov.tw/moiod/Data/DataDetail.aspx?oid=4A5AB0C9-0395-4B04-AE50-02624075516F

內政部營建署城鄉發展分署（2017）。**大坡池重要濕地（國家級）**。國家重要濕地保育計畫。https://wetland-tw.tcd.gov.tw/tw/GuideContent.php?ID=84&secureChk=b77bd9e3093576bb75d6695cef0e2761

公館鄉公所（1994）。**公館鄉誌**。國家圖書館臺灣記憶系統。https://tm.ncl.edu.tw/

水災潛勢資料公開辦法（2015）。**全國法規資料庫**。https://reurl.cc/oeD0mV

石再添、石慶得、張瑞津、黃朝恩、楊萬全、鄧國雄（1982）。塭子川沼澤區的水文地形學研究。**師大地理研究報告，8**，1-40。

石再添、鄧國雄、張瑞津、黃朝恩、石慶得、楊貴三、許民陽，曾正雄（2008）。**地學通論（自然地理概論）**（增版修訂）。吉歐文教事業有限公司。

交通部觀光局日月潭國家風景區管理處（2019）。**土虱灣**。日月潭國家風景區。https://www.sunmoonlake.gov.tw/zh-tw/attractions/detail/208

地質法（2010）。**全國法規資料庫**。https://law.moj.gov.tw/LawClass/LawAll.aspx?pcode=J0020052

池永歆（2000）。**空間、地方與鄉土：大茅埔地方的構成及其聚落的空間性**（未出版之博士論文）。國立臺灣師範大學地理研究所。

吳素蓮（1994）。大屯火山西南坡面地下水流動體系與水資源利用之研究。**師大地理研究報告，2**，65-121。

呂士朋、孟繁超、林宗男、白萬國（1986）。**草屯鎮志**。草屯鎮志編纂委員會。

決定開闢二重疏洪道 各種因素審慎考慮過（1982 年 12 月 1 日）。**聯合報**，03 版。

沈淑敏（1989）。臺灣北部地區主要瀑布群的地形學研究。**師大地理研究報告，15**，199-257。

沈淑敏、王聖鐸、游牧笛、林文毓（2019）。**建構防災地形分類與地圖製圖規範研究 II－ 草屯圖幅說明書**。行政人國家災害防救科技中心。

沈淑敏、許嘉麟、潘彥維、劉哲諭（2018）。**融入地方知識的自然災害風險溝通 — 以臺灣地名為例**。行政院農業委員會水土保持局。

官大偉（2013）。泰雅族河川知識與農業知識的建構——一個民族科學的觀點。台灣原住民族研究學報，**3**（4），113-135。

官大偉（2016）。民族地形學與社區防災：以泰雅族 squliq 語群土地知識爲例之研究。人文與社會科學簡訊，**17**（4），60-67。

社團法人台灣濕地保護聯盟（無日期）。**濕地簡介**。http://www.wetland.org.tw/modules/tadnews/page.php?nsn=22

姜彥麟、朱傚祖、李建成、黃志遠（2012）。臺灣東部池上斷層全段之地表破裂與變形帶調查及構造特性分析。經濟部中央地質調查所特刊，**26**，1-39。

洪惟仁（2006）。高屏地區的語言分佈。**LANGUAGE AND LINGUISTICS**，**7**（2），365-416。

洪敏麟（1999）。**臺灣舊地名之沿革第一冊**（第四版）。臺灣省文獻委員會。

科技部（2020）。**2020 年版近 5 年淹水災點資料**。政府資料開放平臺。https://data.gov.tw/dataset/130016

韋煙灶（2020）。**鄉土教學及教學資源調查**。作者自印。

韋煙灶、李仲民（2017）。從閩粵到臺灣—地名所使用之地名詞的傳承與重整。語言地理歷史跨領域研究工作坊。

原住民族委員會（2015）。**臺灣原住民族資訊資源網**。http://www.tipp.org.tw/index.asp

翁佳音（1998）。大臺北古地圖考釋。https://twstudy.iis.sinica.edu.tw/oldmap/doc/Taipei/Taipei05.htm

翁佳音、曹銘宗（2016）。**大灣大員福爾摩沙：從葡萄牙航海日誌、荷西地圖、清日文獻尋找台灣地名眞相**。貓頭鷹出版。

國史館臺灣文獻館（無日期）。**地名辭書**。https://www.th.gov.tw/new_site/05publish/07study/02placename.php

國家災害防救科技中心（2020）。**淹水災害**。氣候變遷災害風險調適平臺。https://dra.ncdr.nat.gov.tw/Frontend/Disaster/RiskIndex?Category=Flooding

國家教育研究院（無日期）。**雙語詞彙、學術名詞暨辭書資訊網**。https://terms.naer.edu.tw/

張家綸（2008）。**草屯社會發展與地方菁英（1751~1945）**（未出版之碩士論文）。國立臺灣師範大學歷史研究所。

張智欽、韋煙灶（2005）。新竹市南寮地區聚落變遷及變遷過程所顯現之人地關係意涵。人文及管理學報，**2**，1-43。

張瑞津、石再添、陳翰霖（1996）。台灣西南部台南海岸平原地形變遷之研究。**師大地理研究報告**，**26**，19-56。

張瑞津、鄧國雄、劉明錡（2000）。新店溪河階之地形學研究。**師大地理研究報告**，**33**，179-197。

教育部（2000）。**教育部國語辭典簡編本**。http://dict.concised.moe.edu.tw/jbdic/index.html

教育部（2011）。**教育部臺灣閩南語常用詞辭典**。https://twblg.dict.edu.tw/holodict_new/

教育部（2015）。**教育部重編國語辭典修訂本**。http://dict.revised.moe.edu.tw/cbdic/search.htm

許家華、劉芝芳（2010）。**烏來鄉誌**。國家圖書館臺灣記憶系統。https://tm.ncl.edu.tw/

許淑娟（2010）。**臺灣全志（卷二）土地志地名篇**。國史館臺灣文獻館。

連江縣政府（2020）。馬祖福州語本字檢索系統（試用版）。http://fc-matsu.com/index.php

陳松春（2012）。泥火山。臺灣地質知識服務網地質百科。https://twgeoref.moeacgs.gov.tw/GipOpenWeb/wSite/ct?xItem=143331&ctNode=1233&mp=6

陳炎正（1989）。石岡鄉志。石岡鄉公所。

陳炎正（2016）。大臺中客家人足跡。中市客委會。

陳哲三（2001）。清代草屯地區開發史—以地名出現庄街形成爲中心。逢甲人文社會學報，3，119-141。

陳健豐編（2013）。川閱淡水河：防洪治水全紀錄。經濟部水利署第十河川局。

陳國章（1990）。臺灣地名中「頂」與「下」的涵意初探。教學與研究，12，21-24。

陳瑷瑋（2018）。臺灣「寮」字地名的空間分布與意涵（未出版之碩士論文）。國立高雄師範大學地理學系。

陸傳傑（2014）。被誤解的臺灣老地名：從古地圖洞悉臺灣地名的前世今生。遠足文化。

陽明山國家公園管理處（2016）。冷水坑。陽明山國家公園。https://www.ymsnp.gov.tw/main_ch/com_tourmap_m.aspx?id=6&uid=1390&pid=72

黃鼎松（1991）。苗栗開拓史話。國家圖書館臺灣記憶系統。https://tm.ncl.edu.tw/

新庄移轉祝（1919 年 11 月 28 日）。臺灣日日新報日刊，04 版。

楊貴三、沈淑敏（2010）。臺灣全志（卷二）土地志地形篇。國史館臺灣文獻館。

楊貴三、葉志杰（2020）。福爾摩沙地形誌北臺灣。晨星。

楊萬全（1993）。水文學（增訂版）。國立臺灣師範大學地理學系。

楊漢聲（2019）。綠島狀元地 重新復育紅米。中國時報。https://www.chinatimes.com/

溫泉標準（2008）。全國法規資料庫。https://law.moj.gov.tw/LawClass/LawAll.aspx?pcode=J0110041

溫振華、戴寶村（2019）。典藏臺灣史・四：漢人社會的形成。玉山社。

經濟部（2014）。活動斷層地質敏感區劃定計畫書—F0001 車籠埔斷層。經濟部中央地質調查所。

經濟部水利署（2008）。彰投地區隘寮溪排水整治及環境營造規劃。經濟部水利署水利規劃試驗所。

經濟部水利署（2013）。氣候變遷進行式——雨，超載了！。水利署電子報，36。https://epaper.wra.gov.tw/Article_Detail.aspx?s=DC7D954500166D42

經濟部水利署（2017）。淹水潛勢圖。政府資料開放平臺。https://data.gov.tw/dataset/25766

雷家驥、陳文尚、陳美玲、李佩倫、吳育臻（2009）。嘉義縣志・卷一・地理志。國家圖書館臺灣記憶系統。https://tm.ncl.edu.tw/

嘉義縣阿里山鄉公所（2015）。茶山村。https://www.alishan.gov.tw/about.asp?sub_itemid=38

瑪格（2015）。狩獵文化。部落 e 樂園。https://www.e-tribe.org.tw/blog/archives/tag/rahaw

臺中市清水區公所（2021）。歷史沿革。https://www.qingshui.taichung.gov.tw/982244/982248/982256/982260/1116371/post

臺中市龍井區公所（2020）。歷史沿革。https://www.longjing.taichung.gov.tw/1185102/post

臺灣經世新報社（1922）。臺灣全誌第三卷：淡水廳誌。國家圖書館臺灣記憶系統。https://tm.ncl.edu.tw/

劉聰桂主編（2018）。普通地質學。國立臺灣大學出版中心。

蘇明修、黃衍明（2009）。第一期詔安客家研究群、子計畫二：雲林縣詔安客家聚落舊地名源由考。國立雲林科技大學初期研究暨推展客家文化計畫。

雞籠文史協進會（2010）。增修新店市誌。國家圖書館臺灣記憶系統。https://tm.ncl.edu.tw/

二、英文文獻

Lai, K.-Y., Y.-G. Chen, J.-H. Hung, J. Suppe, L.-F. Yue, & Y.-W. Chen (2006). Surface deformation related to kink-folding above an active fault: Evidence from geomorphic features and co-seismic slips. *Quaternary International, 147*, 44-54.

Le Béon, M., J. Suppe, M. K. Jaiswal, Y.-G. Chen, & M. E. Ustaszewski (2014). Deciphering cumulative fault slip vectors from fold scarps: Relationships between long-term and coseismic deformations in central Western Taiwan. *Journal of Geophysical Research: Solid Earth, 119*, 5943-5978.

Tsai, H. & Sung, Q. C. (2003). Geomorphic evidence for an active pop-up zone associated with the Chelungpu fault in central Taiwan. *Geomorphology, 56*, 31-47.

國家圖書館出版品預行編目 (CIP) 資料

形如其名：地名與地形的對話 / 沈淑敏, 李聿修, 陳銘鴻, 羅
章秀著. -- 初版. -- 臺北市：國立臺灣師範大學出版中心，
2022.01
　　面；　公分
ISBN 978-986-5624-77-4(平裝)

1. 地形學 2. 地名學 3. 臺灣
351　　　　　　　　　　　　　　　　　110020785

形如其名 地名與地形的對話

作　　　者｜沈淑敏、李聿修、陳銘鴻、羅章秀
出　　　版｜國立臺灣師範大學出版中心
發 行 人｜吳正己
總 編 輯｜柯皓仁
執行編輯｜金佳儀
美術編輯｜潘美晨
地　　　址｜106 臺北市大安區和平東路一段 162 號
電　　　話｜(02)7749-5285
傳　　　眞｜(02)2393-7135
服務信箱｜libpress@ntnu.edu.tw
版　　　次｜2022 年 01 月初版；2023 年 04 月再刷
售　　　價｜新臺幣 550 元（缺頁、破損或裝訂錯誤，請寄回更換。）
I S B N｜9789865624774
G P N｜1011100016